Hans Joachim Fröhlich

Wege zu alten Bäumen

Band 6 – Schleswig-Holstein, Hamburg und Bremen

**Kuratorium
„Alte liebenswerte Bäume
in Deutschland" e.V.
Wiesbaden**

WDV Wirtschaftsdienst OHG

Gestaltung: KES München,
Michael Ewerbeck und
Dieter Strothmann.
Generalkarte Mairs Geografischer
Verlag Stuttgart,
Blatt1, 2,
Satz: kes München
Lithographie:Multi-Creativ-Repro
GmbH, Holzkirchen
Gesamtherstellung:
Druckerei W. E. Weinmann, Filderstadt
ISBN: 3-92 61 81-21-4, 1994

Bäume auf nicht öffentlich zugänglichem Privatgrundbesitz bedürfen bei Besichtigung der Zustimmung des Eigentümers.

Titelbild: Katalog-Nr. 100
Brüderbuche Sachsenwald

Über dieses Buch

Zu Anfang unseres Jahrhunderts hatten die Forstverwaltungen der damaligen Länder beschlossen, eine Inventur herausragender Bäume, Sträucher und teilweise auch Pflanzen flächendeckend durchzuführen und dokumentarisch niederzulegen. So entstanden Baumsammlungen in Baden, Schwaben, Bayern, Hessen und Preussen. Der damals größte Flächenstaat mit Wald- und Baumbesitz konnte von 1900 bis 1907 für fünf seiner Provinzen je ein „Forstbotanisches Merkbuch" erarbeiten. Für die Provinz Schleswig-Holstein erschien das Werk 1906. Fast ein Jahrhundert später ist es immer noch von großem Interesse. Besonders die Vergleiche von damals zu heute sind ungewöhnlich spannend. Für eine der imponierendsten Eichen des Landes, der leider zerborstenen Eiche bei Dobersdorf – Kreis Plön – ergaben sich folgende Relationen:

Jahr	1906	1987
Höhe	15 m	20 m
Umfang in 1,3 m Höhe	570 cm	730 cm
Kronendurchmesser	31 m	34 m

Der Höhenwuchs war also stark gemindert, aber an Stärke und Umfang hat der Baum erheblich zugenommen und seine Krone war schon immer sehr ausgeprägt.

Es lassen sich viele weitere Vergleiche ziehen. Wichtiger aber dürfte die Tatsache sein, daß durch solche Sammlungen die Menschen an alte Bäume herangeführt werden und sich so oft auch mit ihnen verbunden fühlen. Andere wiederum stellen sich schützend vor die Veteranen oder helfen ihnen, die Unbillen und Belastungen unserer oft so gedankenlosen und übertechnisierten Welt zu überstehen. Andere vermitteln Baumpatenschaften und wieder andere schöpfen aus der Begegnung mit diesen wertvollen Naturschöpfungen Kraft und Lebensfreude. Ganz besonders werden sich die angesprochen fühlen, welche die lebende Verbindung zwischen Baum und Geschichte erkennen und werten können.

So soll auch dieses Buch dazu beitragen, Menschen, – ob alt oder jung, Mann oder Frau – an Bäume und damit an Wald und Natur heranzuführen, Bindungen und Verpflichtungen einzugehen, die nicht im Gegensatz zu den Gesetzen der Natur stehen, sondern sich einfügen in ihr großes Wirkungs- und Strahlungsfeld.

Wir wollen damit nicht von den Sorgen ablenken, die uns der kranke Wald bereitet. Im Gegenteil, wir wollen deutlich machen, welchen unschätzbaren Wert, welch unersetzliches Gut diese Naturschöpfungen wie der Baum, ob alleinstehend oder vergesellschaftet, in unseren Wäldern für uns alle sind.

Wir konnten nicht alle herausragenden Baumpersönlichkeiten ausfindig machen und beschreiben – wir mußten und wollten uns auf folgende Auswahlgrundsätze konzentrieren:

– hohes Alter, das weit über das wirtschaftliche Nutzungsalter hinausgeht;

– besondere Größe und Gestalt, so daß die Bäume in Höhe und Stammdurchmesser die normal bekannten Ausmaße überschreiten und durch Wuchs- und Erscheinungsform eine imponierende Gestalt einnehmen;

– besondere Wuchsformen, die vom Normalbau der Baumart erheblich abweichen, z.B. bizarre Wuchsformen, Verwachsungen, mächtig ausladende Kronen, Mutationen wie ahornblättrige Esche o.ä.;

– historische Hintergründe, z.B. Gerichts-, Galgen- oder Opferbäume oder Beziehungspunkte zu geschichtlichen Ereignissen;

– Seltenheit, seltene Arten mit herausragender Wuchsleistung oder besonderer Schönheit, wie alte Eiben, Elsbeeren, Speierlinge oder Wildobstarten.

Besonders erstrebenswert sind Kombinationen der verschiedenen Typen.

Die Bäume werden wieder von Nord nach Süd, getrennt nach Regierungsbezirken, Landkreisen und kreisfreien Städten, aufgeführt und in Karten festgehalten. Dennoch bleibt vielfach ein Stück Abenteuer beim Auffinden der Veteranen und beim Zusammenstellen von Baumwegen erhalten.

Sollten Fragen offen bleiben, so wenden Sie sich an die Schutzgemeinschaft Deutscher Wald mit ihren Kreis- und Ortsverbänden, die Naturschutzbehörden oder an die Forstämter. Sie werden Ihnen gerne helfen.

Zentrale
Ansprechpartner:

Schutzgemeinschaft
Deutscher Wald,
Landesverband
Schleswig-Holstein,
Rendsburger Straße 23,
24361 Groß Wittensee,
Telefon: 04356/287,
Telefax 04356/240

Schutzgemeinschaft
Deutscher Wald,
Landesverband
Hamburg,
Lokstedter Holt 46,
22453 Hamburg,
Telefon: 040/58 69 27

Kuratorium Alte
liebenswerte Bäume in
Deutschland e.V.,
Wandersmannstr.60,
65205 Wiesbaden,
Telefon: 0611/71 14 71
Fax: 0611/713268

Inhaltsverzeichnis

Baumrecken zwingen Ehrfurcht ab und lassen Geschichte lebendig, Gegenwart wichtig und Zukunft lebenswert erscheinen. Sie können Freunde des Menschen werden, uns viel sagen, vor allem Natur und Schöpfung uns nahebringen, zum Nachdenken anregen, die Alltagshektik dämpfen und zudem auch Freude ausstrahlen und Lebensmut geben.
Alte Bäume sollen auch Mahner sein, die Gesetze der Natur zu erkennen und zu wahren und das Leben nicht nur unter technischen oder materiellen Aspekten zu sehen. Sie sollen uns Kraft und Hoffnung geben, die Zukunft zu meistern, das Spannungsfeld zwischen Ökonomie und Ökologie in Einklang zu bringen, mit Tatkraft nach vorne zu wirken, frei vom Augenblick mit guten Zielen und Wegen.

Schließen wir uns Hermann Hesse an:

„Bäume sind Heiligtümer. Wer mit ihnen zu sprechen, wer ihnen zuzuhören weiß, der erfährt die Wahrheit. Sie predigen nicht Lehren und Rezepte, sie predigen, um das einzelne unbekümmert, das Urgesetz des Lebens“.

Freunde brauchen die Bäume mehr denn je, da der Wald unter der Unvernunft des Menschen leidet und mancherorts schon stirbt. Vielleicht gibt es schon bald keine Baumveteranen mehr, jene mächtigen, starken Gestalten, die jahrhundertelang Sturm, Regen, Eis und Hitze getrotzt haben und nun in ganz kurzer Zeit von dem Ausstoß der Fabriken, Heizkraftwerke, unserer Häuser und Autos krank werden.

Man muß mit Kurt Tucholsky fragen:

„Ein alter Baum ist ein Stückchen Leben. Er beruhigt. Er erinnert. Er setzt das sinnlos heraufgeschraubte Tempo herab, mit dem man unter großem Geklapper am Ort bleibt. Und diese alten Bäume sollen dahingehen, sie, die nicht von heute auf morgen nachwachsen? Die man nicht „Nachliefern" kann?"

Einen alten Baum kann der Mensch nicht ersetzen. Seine Persönlichkeit wurde in Jahrhunderten geprägt und entsteht nie wieder. Häuser, Schlösser oder auch Dome lassen sich rekonstruieren. Ein Baum läßt sich nicht zwingen und auch bei bester menschlicher Technik nicht wieder aufbauen.

Heilige Bäume

In Heiligen Bäumen werden Gottheiten verehrt und die Beziehungen zu ihnen aufgenommen. Ein solcher Baum wird bereits 2000 Jahre vor Christus im Gilgamesch-Epos als Zeder beschrieben. Buddha liebte den Feigenbaum, unter dem er geboren und später erleuchtet wurde, Gott Zeus war mit der Eiche und seine Frau Hera mit dem Granatapfel, Apollo mit dem Lorbeer und Artemis mit dem Nußbaum verbunden.

Gerichtsbaum

Jahrhundertelang wurde in Deutschland unter Bäumen gerichtet. Der meist verbreitete Gerichtsbaum war die Linde, in der die Göttin Freia mit der Kraft der Weissagung lebte. Auch die Eiche wurde als Gerichtsbaum ausgewählt, oft in anderen Gegenden oder zu anderen Gerichten.

Maibaum

Heute noch gebräuchlich sind der Maibaum – Erwachen der Natur und Fruchtbarkeit, der Richtbaum – Segen für das Haus, der Christbaum – Weihnachtssymbol und der Tanz- oder Dorfbaum als Zeichen der Gemeinschaft. Immer erhoffen die Menschen sich Kraft, Zuversicht und Freude von ihren ausgewählten Bäumen.

Weltenbaum

In zahlreichen Kulturkreisen haben Bäume eine besondere Symbolkraft. In den Mythen fast aller Völker verkörpert der Weltenbaum das Sinnbild des ewigen Lebens und verb indet Himmel und Erde und Unterwelt – Weltesche Yggdrasil der Edda des 13. Jahrhunderts.

Lebensbaum

Der Lebensbaum umfaßt den gleichen mystischen Kreis – Unsterblichkeit, Jugend, Gesundheit – und tritt in zahlreichen Gesalten auf: in der assyrischen Kunst als Lotos oder Pinie, in Ägypten als Dattelpalme oder in Indien als Palme. Beim Christentum wächst er inmitten des Garten Eden – Bibel Gen. 2/16. Neben ihm steht der Baum der Erkenntnis, der die Polarität von Gut und Böse, Leben und Tod oder Mann und Frau verkörpert.

Baum der Erkenntnis

Wald und Baum in Schleswig-Holstein

Wenn man durch dieses Bundesland fährt, dann hat man sicherlich den Eindruck, daß es sich fast nur um Agrarlandschaften handelt: fruchtbare Äcker, weite Wiesen, aber auch trockene, ärmere Standorte auf Altmoränen in der Geest. Die Wälder scheinen nur inselartig diese fruchttragenden Gefilde aufzulockern. Umso erstaunter wird man sein, wenn man erfährt, daß die Landzunge zwischen Ost- und Nordsee einst fast vollständig bewaldet war. Man muß einen Blick auf die erdgeschichtlichen Entwicklungen werfen, die dieses Land geformt haben, und sollte die Waldgeschichte nachvollziehen, um die heutige Situation zu erkennen.

Das Bodenrelief wurde in der Eis- und Nacheiszeit geformt. Mächtige Erdbewegungen mit Gesteinen und Bodenmaterial aus Skandinavien, das sich zum Teil bis zu einer Mächtigkeit von 400 m auffaltete, haben die wellige Hohe Geest geformt. Die Gletscher der Weichsel-Vereisung – etwa bis 13000 v.Chr. – ließen das östliche Hügelland mit Hügeln, Seen und fruchtbaren Jungmoränen entstehen. Die Wasserströme der Auftauperiode nahmen nach Westen und Südwesten gewaltige Sandmassen mit und lagerten sie in der Vorgeest ab.

In den Ursprungstälern suchten die Wassermassen ihren Abflußweg, der durch den langen Meeresanstieg erheblich gebremst wurde. Vielfältige Sandarten kamen zur Ablagerung, in den Senken entstanden die Moore. Im Westen wurden in den letzten 7.000 Jahren die Altmoränen von Meeresschlick überlagert und so die Marschen entwickelt. In dieser Zeit vollzog sich auch die Rückwanderung der Baumarten – zuerst die Pionierbäume Birke und Aspe, dann die Kiefer. Letztere hielt die klimatische Abkühlung nicht aus und mußte der Eiche mit ihren Mischbaumarten wie Linde, Ahorn und Ulme weichen. Etwa um 2.500 v. Chr. beherrschte der Eichenmischwald das ganze Land. Etwa um 600 v. Chr. kam ein erneuter Temperaturrückgang.Er schränkte die Herrschaft der Eiche ein und ließ die Buche mächtig werden. Zwei Waldgesellschaftstypen bildeten sich schließlich heraus, die noch heute dominieren: das „Westbaltische Buchen-Gebiet“, das das östliche Hügelland beherrscht und das „Buchen-Eichen-Birken-Gebiet“, das die Geest bewaldet.

Der Waldrückgang ist wie überall in Europa auf den Menschen zurückzuführen, der freilich auch voll auf den Energieträger Holz angewiesen war. Die Eisenverhüttung war im Norden sehr früh entwickelt – etwa ab 600 v. Chr.–, um Christi Geburt gab es bereits eine blühende Industrie, die den Raseneisenstein der an die Moore grenzenden Gebiete mit Hilfe von Holzkohle verhüttete. Gleichzeitig nahm die Bevölkerung zu, die wiederum eine Erweiterung der Nahrungsgrundlage forderte. Die Landwirtschaft wurde intensiviert, der Wald mußte weichen und die verbleibenden Reste hatten zudem noch die Last des Vieheintriebes und der Streunutzung zu tragen. Dies hätte normalerweise ausgereicht, den Wald auf ein Minimum zurückzudrängen. Nun kam etwa um 1.000 der Ausbau eines Deichsystems hinzu, der ungeheuere Mengen Holz erforderte. Zusätzlich mußten Schiffe gebaut werden.

Der Wald wurde zu klein.

Zu Ende des 18. Jahrhunderts mußte man feststellen, daß kein geschlossener, produktiver Wald mehr existierte. Auf 75000 ha konnte man verlichtete, von Heide beherrschte waldähnliche Gebilde registrieren. Positive Folge dieser Historie war die 1784 erlassene „Allgemeine neue Forst- und Jagdverordnung", die im Laufe der nächsten Jahrzehnte Waldweide und Holzberechtigungen ablöste und eine pflegliche Waldbewirtschaftung einleitete, die heute noch höchste Rangordnung genießt; wenn auch das Landeswaldgesetz von 1971 eine noch bessere rechtliche und verwaltungsmäßig durchsetzbare Grundlage schuf.

Schleswig-Holstein ist das Bundesland mit dem geringsten Wald-

flächenanteil, unter 9 Prozent! Die rund 140.000 ha gehören zu 35 Prozent dem Staat, zu 15 Prozent den Körperschaften und zu 50 Prozent privaten Eigentümern.
Durch ein zielorientiertes Aufforstungsprogramm will man auf einen Waldanteil von 12 Prozent kommen. Bei den Laubbaumarten liegt die Buche mit 23 Prozent an der Spitze, ihr folgt die Eiche mit 11 Prozent, die anderen wie Esche, Ahorn, Erle, Birke und Pappeln kommen auf 10 Prozent – Laubholz insgesamt = 44 Prozent. Bei den Nadelbaumarten steht die Fichte einschließlich Douglasie mit 37 Prozent im Vordergrund, Kiefer und Lärche erreichen 19 Prozent, insgesamt also 56 Prozent. Der durchschnittliche Holzeinschlag liegt knapp unter 0,5 Mio. cbm.
Die Erfahrungen von sieben schweren Stürmen der Nachkriegszeit mit einem Ausfall von 2,2 Mio. cbm. Holz und einer Kahlschlagfläche von 14.000 ha haben auch dazu beigetragen, die Methoden des naturnahen Waldbaus zu einem Mittelpunkt der Forstpolitik zu machen, der für die Zukunft vielseitige, stabile und den ökologisch sowie ökonomischen Anforderungen entsprechende Waldbestände schaffen und sichern soll.
Eine Besonderheit muß noch hervorgehoben werden: die Forstbaumschulen. Bereits 1617 gab es eine „Holzschulordnung“ in Dithmar-

schen. Entscheidend dürften aber die Initiativen im Raume Halstenbek und Pinneberg gewesen sein, die auf den 1875 aus Schottland geholten Gärtner James Booth zurückgeht, der mit seinem Wirken so ausstrahlte, daß später zahlreiche Neugründungen zustande kamen. Sein Enkel John Booth setzte sein Werk mit umfangreichen Exotenversuchen fort, die länderweit beeindruckten und zahlreiche Nachahmer fanden.

„Wiege des Waldes“

In den letzten 100 Jahren hat sich der Baumschulbetrieb konstant positiv entwickelt und gilt heute als das größte geschlossene Baumschulgebiet Europas oder gar der Welt. Für Deutschland wird dies anerkennenswert als die „Wiege des Waldes“ gerühmt.

Wenn der Waldanteil auch klein bleibt, so treten doch besonders die alten Bäume überall im Lande hervor und sind sehr oft Zeugen der Geschichte. Sei es die Linde am Kloster Bordesholm, die Eiche, die auf das Fünfmarkstück geprägt wurde oder die vielen alten Recken an den Schlössern des Landes. Eine Eiche fungiert sogar kostenlos als Institut für Heiratsvermittlung mit amtlicher Zustellung. Im Sachsenwald waren viele Bäume Bismarcks Freunde und unter einer anderen Eiche mußte Blücher kapitulieren. Selbst für die Gründung einer Religionsgemeinschaft steht eine Linde Pate.

Wie sturmfest und erdverbunden die Bäume in Schleswig-Holstein sein können, beweisen die Graupappeln im windbewegten Küstenstreifen oder auf der Insel Fehmarn. Die Insel war um die Wende des 16./17.Jahrhunderts beinahe unbewaldet: auf einer Fläche von 18.500 ha existierten gerade noch zwölf Hektar Wald. Die Graupappelallee mit ihren 150 Jahren ist ein lebendes Mahnmal.
Eine der schönsten Eichen stand bis 1987 im Kreise Plön nahe dem Herrenhaus Dobersdorf. Sie wurde bereits 1906 im Forstbotanischen Merkbuch als „Eiche von prächtigem Wuchs“ hervorgehoben, weil ihre gewaltige Krone mit 34 m Durchmesser und ihr Stamm mit einem Umfang von 730 cm eine ungeheuere Kraft und Beständigkeit ausstrahlten.
Viele alte Eichen werden ihr nachwachsen!

Hamburg, seine Parks und Bäume

Hamburg hat nicht nur einen Hafen, sondern auch einen Wald – etwa 4.000 ha groß, mit vielen Laubhölzern (56%), meist bunt gemischt, und 44% Nadelhölzern, wovon Kiefer und Lärche 32% stellen. Die starken Bäume mit besonders hoher Bedeutung stehen aber im Wasser. Sie tragen die Hafenbauten, die vielen monumentalen und teilweise ornamental geschmückten Lagerhäuser aus Backsteinklinkern, sie stützen die Piers, an denen die Schiffe

ent- und beladen werden, sie sind als Dalben eingerammt, um den zahlreichen Booten, Lastkähnen, Tankern oder Passagierdampfern Halt zu geben – sie haben den Reichtum Hamburgs zweifellos gegründet.
Selbst das Wilhelminische Rathaus (1897) stützt sich auf Pfähle. 4.000 Stück an der Zahl.
Die lebenden alten Bäume stehen zahlreich in den großen privaten Parks und Gartenanlagen, vielfach Besitz alter hanseatischer Kaufmannsfamilien, etwa an der neun Kilometer langen Hamburger Prachtstrasse – der Elbchaussee.
Die vielen öffentlichen Grünanlagen bieten ein schönes Erkundungsfeld für Baumliebhaber, wie beispielsweise die ehemaligen gewaltigen Befestigungsanlagen, die zu Parks umgewandelt worden sind.
Der Stadtpark ist Hamburgs größtes innerstädtisches Erholungsgebiet. Ähnliche Funktionen erfüllt der Volkspark „Planten un Blomen", auch Hagenbecks Tiergarten – 1907 in Stellingen eröffnet – dürfte hierzu zählen. Besonders eindrucksvoll und dendrologisch wertvoll sind der 42 ha große Jenischpark und der Hirschpark Blankenese. Sie sind unter den Baumgeschichten besonders behandelt.
Ein Kleinod darf in der Hamburger Baumgeschichte keineswegs vergessen werden: Hauptfriedhof Ohlsdorf. Dieser Friedhof wurde durch seine parkartige Gestaltung, die man gera-

dezu als künstlerisch bezeichnen muß, weltweit bekannt und bereits in der Weltausstellung Paris 1900 mit dem „Grand Prix“ ausgezeichnet.

Wie stellt das Garten- und Friedhofsamt so treffend fest:

„Hier spiegelt sich hamburgische Kulturgeschichte wider, genießen Besucher die Ruhe und das Grün von Baum und Strauch, begegnen sich Tod und Leben auf vielfältige Weise“.

Die Schönheit des Parkfriedhofes wird zweifellos durch Blütensträucher und Blumen, vor allem durch die große Zahl der Rhododendren bestimmt, Einteilung, Ordnung und Ruhe dürfte aber insbesondere den Alleen zuzuschreiben sein.

Man kennzeichnet Quartiere oder Einrichtungen nach den Alleen, an denen sie liegen, wie z. B. Bombenopfer an der Cordes Allee.

Der erste Friedhofsgestalter Johann Wilhelm Cordes hat zur Friedhofseröffnung 1877 die Bäume in Reihen übernommen, die aus den Wallhecken-Knicks aufwuchsen und nach der Flurneuordnung 1840 gepflanzt worden waren. Zur Gruppierung und Raumbildung bedurfte es weiterer Alleen, ganz besonders bei seinem Nachfolger Otto Linné, der in den 20er und 30er Jahren die Erweiterung zum architektonischen Friedhof mit einem streng barocken Achsensystem einleitete.

Trotz der starken Bombenzerstörung im 2. Weltkrieg konnten noch einige alte Bäume in Hamburg überleben. Viel Grün wurde in der Nachkriegszeit gepflanzt und gestaltet und macht die Weltstadt besonders freundlich.

Bremen und sein Grün

Bremen verfügt bei einer Landesfläche von 40.000 ha über 1.000 ha Grünanlagen. Der Rhododendronpark gilt als einer der schönsten in Deutschland.
Unter den 1890 als Wildpark gepflanzten Bäumen wurde vor 50 Jahren die Rhododendron-Sammlung begonnen. Mittlerweile beherbergt sie die gewaltige Vielfalt von über 200 Sorten, die sowohl im Freiland bleiben und überwintern, in Gewächshäusen tropische und subtropische Bedingungen vorfinden und im Wilhelm-Kaisen-Haus sogar zu Bäumen aufwachsen dürfen. Eine Kostbarkeit stellt der Rhododendron-Steingarten dar. Inmitten der 36 ha großen Grünfläche liegt auch der Botanische Garten mit seiner großen Pflanzenvielfalt.
Mit 200 ha bietet der Bürgerpark mit angrenzendem Stadtwald eine beträchtliche Sammlung von Baum- und Straucharten. Der Bremer Bürgerpark ist 125 Jahre alt.
Noch wichtiger und von hohem Vorbildscharakter ist die Tatsache, daß der Park ab 1866 ausschließlich von Bürgern gestaltet und bis heute allein durch Spenden erhalten wird. Der Träger ist der Bürgerparkverein, der 1877 aus dem „Komitee zur Bewaldung der Bürgerweide“ – dieses wur-

de bereits 1865 gegründet – hervorging und mit Recht sein Motto durchlebt: „Bremer Bürgerpark durch Gemeinsinn entstanden – durch Gemeinsinn erhalten."
Ebenfalls von Interesse ist der Knoops Park im Norden, an der Lesum auf der Geest. Er entstand als Landschaftspark des ehemaligen Landgutes Mühlenthal und geht auf das Jahr 1816 zurück, 1868 wurde er erweitert. Besonders sehenswert sind einige alte Eichen und eine Silberlinde.
In ähnlicher Weise wurden einst zahlreiche Parks am Rande Bremens gestaltet, sei es im Norden des Stadtgebietes, an der Elbe oder in Oberneuland. Bremen betreut insgesamt über 50.000 Bäume.

Lindenallee nach Schloß Emkendorf

Wohl eine der schönsten Alleen des Landes, stark, ja geradezu mächtig, vollbekront, zum Himmel über den Weg gewölbt, gesund und kraftstrotzend führt sie in einer Länge von etwa sechs Kilometer direkt auf das Schloß zu und geht im leichten Bogen an ihm vorbei nach Westen. Die Bäume erreichen Höhen bis zu 30 m, haben Durchmesser von 100-150 cm und sind erfreulich gesund. Einzelne Kastanien, Bergahorne und Eichen lockern das strenge Lindenspalier auf. Früher war die Landesstrasse ein Privatweg zu dem Gut, lange bevor das Herrenhaus gebaut wurde.

Man muß sich auf das Schloß freuen, wenn man durch diese imponierende Allee geht. Alleinstehend wäre keines von beiden so schön, weder die Baumreihen noch der frühklassizistische Bau – sie bilden eben eine Einheit – beide gehören zusammen und ergänzen sich ganz harmonisch.

Das helle Herrenhaus wird beiderseits von backsteinroten Hofgebäuden eingerahmt. Der ehemals barocke Bau wurde ab 1794 von dem Grafen Reventlow und seiner Frau klassizistisch umgestaltet und mit Stuck und Dekorationen römisch-italienischer Herkunft verziert. Zu dieser Zeit war das Schloß geistiger Mittelpunkt des Landes, in dem sich Geisteswissenschaftler, Theologen und Dichter wie Klopstok und Matthias Claudius zu Gesprächen, Ideen- und Gedankenaustausch aufhielten.

Heute ist es wiederum ein kulturelles Zentrum, nicht zuletzt durch Justus Franz- und das Schleswig-Holstein Festival.
Die Linden haben zwei Jahrhunderte miterlebt, Schatten gespendet und auch viel Freude gegeben.

Die Eibe in Flintbek

In diesem kleinen Ort, etwa zehn Kilometer von Kiel entfernt, abseits der Bundesstrasse 4 nach Neumünster, steht zwischen Kirche und Pfarrhaus eine alte, wohlgeformte Eibe. Ihr Stamm ist durchgehend und nicht geteilt, wie es oft bei diesem Taxusbaum vorkommt. Die Äste beginnen ab drei Meter Höhe und bilden eine mächtige Baumkrone, die eine Höhe von 13 m erreicht, symmetrisch verzweigt und auf einen Durchmesser von ebenfalls 13 m kommt. Besonders ansprechend sind die voll benadelten Zweige, die sich bis auf zwei Meter über dem Boden herabneigen. Der Stamm weist zudem den erstaunlichen Brustumfang von 380 cm auf. Alles in allem ein sehenswerter und interessanter Baum und ein guter Repräsentant der mehrfach in Schleswig-Holstein gefundenen alten Eiben.
Bemerkenswert ist bei der guten Gesundheit das Alter des Baumes. Denn die ersten Aufzeichnungen stammen aus dem Jahre 1223, als die Eibe im Zusammenhang mit dem Bau der Kirche erwähnt wurde. Sie muß also älter sein als der damalige einfache Kirchenbau aus Ziegelstei-

nen, dem 1615 der aus Eichenholz gezimmerte, hölzerne Glockenturm angefügt wurde. Ob sie damals 100 oder mehr Jahre alt war, läßt sich heute nicht mehr rekonstruieren, dürfte auch nicht von eminenter Bedeutung sein, denn 800 oder gar 1.000 Jahre sind auch für eine Eibe ein beträchtliches Alter.
Neben dem alten Baum ist auch die Kirche sehenswert: der Flügelaltar aus dem 15. Jahrhundert, die Barockempore von 1729 oder das Bronzetaufbecken aus der Zeit Anfang des 16. Jahrhunderts. Eibe und Kirche gehören zusammen.

Katalog-Nr. 42

Graupappeln in windgeprüftem Küstenland

Viele alte Bauernhöfe sind von Eichen umstellt und beschützt. Eine solche Verbindung von Bau und Baum strahlt Ruhe aus und vermittelt das Gefühl der Geborgenheit. Im sturmgepeitschten Küstenraum leiden die Eichen oft unter dem Salz, das der Wind mit sich trägt, ihre Kronen werden flach, ihre Blätter klein und sind von gelben Flecken übersät. Hier übernehmen die Graupappeln die Schutz- und Gestaltungsfunktionen der Höfe. Sie sind ungeheuer stabil, widerstehen Sturm und Salz und haben eine ungewöhnlich starke Regenerationskraft. Oft bilden sie, von den trotzigen Altbäumen ausgehend, junge Kolonien, wie an der Schnur aufgereihte Sprösslinge, die viele Meter lang sind oder auch kleine Horste bilden. Dieses Ausbrechen vom Mutterbaum beruht auf einem

wichtigen Überlebensmechanismus: Die Graupappeln können aus ihrem Wurzelwerk Sprosse ausschlagen lassen, die beinahe selbständig aufwachsen und neue Stämme bilden, natürlich bleiben sie lange Zeit unterirdisch mit dem gleichen Wurzelstrang verbunden.
Dieser Überlebenswillen wird ganz besonders dann deutlich, wenn ein alter Baum gefällt wird. Nach ein bis zwei Jahren sprießt aus dem Wurzelwerk eine geradezu beängstigende Fülle neuer Triebe hervor, die den geschlagenen Stamm hundertfach ersetzen. Das Wurzelwachstum ist zudem außerordentlich aktiv, geht in die Tiefe und in die Breite, krallt sich fest und durchwurzelt das Erdreich vielarmig, auch wenn die Bodenschichten nicht aufschlußfreudig sind.
Andere Baumarten wie Eiche, Linde oder Erle vermögen ebenfalls zu regenerieren, nur kommt ihr Ausschlag über den Wurzelstock, also dem Stammstumpf, und bleibt von ihm abhängig. Bei jedem Rückschnitt wird das Wachstum schwächer und erlischt später, während die Sprösslinge aus Wurzelbrut, wie bei der Graupappel, sich verselbständigen und sich wie junge Gewächse entwickeln können.
Die Graupappel ist keine reine Art im Sinne der botanischen Nomenklatur. Sie entstand als Bastard zwischen der Silberpappel, die natürlich in dem nährstoffreichen, gut wasser-

versorgten Flußauen vorkommt, und der kosmopolitischen Aspe oder Zitelpappel, die mit Ausnahme der Auen alle Standorte zu besiedeln vermag.

Wie der Name schon besagt, trägt die Silberpappel auf der Blattunterseite einen auffallend weißen Haarfilz, das Blatt ist gelappt, während die Aspe unbehaart rundblättrig ist. Beide haben lange Blattstiele, so daß ihr Laub sich ständig im Winde bewegt. Die Graupappel liegt taxonomisch mit allen Merkmalen zwischen den beiden reinen Arten und variiert sehr stark.

Eine der schönsten Graupappeln steht bei Schleswig an den Reitplätzen, ist jetzt 85 Jahre alt, erreicht eine Höhe von über 30 m, mit einem Stammumfang von 300 cm. Ihr Schaft ist gerade, besonders vollhalsig und trägt eine gleichmäßig gut geformte Krone. Die von dem Baum ausgehende Wurzelbrut hat sich kräftig entwickelt und bildet schon wieder Stämme aus.

Ihr Pollen -Pappeln sind zweihäusig-wurde häufig für Kreuzungsversuche verwendet. Deshalb trägt sie den Namen „Schleswig 1". In Schleswig wachsen am Schlossgraben bei der Brücke und im Park des Landratsamtes zwei weitere Altbäume.

Zahlreiche weitere Vorkommen sind erwähnenswert:

Besonders eindrucksvoll sind die weit über 30 m hohen Solitäre im Privatpark Altenhof bei Eckernförde, wo sie Eichenstärke und Umfänge von über 400 cm erreichen. Mit ihrer

Form nicht prahlend, aber robust und stark verzweigt, sind die Graupappeln in der Nähe des Schlossweihers von Glücksburg. Besonders spät treiben die Graupappeln vor dem Gasthof Wulfsmühle bei Elmshorn aus. In der Nähe am Teich präsentieren sich drei weitere Exemplare.
Besonders widerstandsfähig und kampferprobt sind die Marschpappeln an der Westküste, etwa vor der Schmiede in Strübbel an der Landstrasse nach Lunden bei Wesselbüren und insbesondere die stark exponierte Reihe in Schülp im Kreis Norder-Dithmarschen.
Auf der Insel Fehmarn findet man zwei interessante Vorkommen, einmal ein richtiges Graupappelwäldchen und zum anderen eine etwa 500 m lange Graupappel-Allee. Sie dürfte etwa 150 Jahre alt sein, ist zwischen 25 und 30 m hoch und besteht wahrscheinlich aus zwei Klonen, von denen der eine eine helle Spiegelrinde bis in das untere Erdstück trägt, während der andere eine tiefrissige Borke, dunkel getönt, bis in die Krone ausbildet. Auch diese Allee ist winderprobt.

Nr. 59 Graupappel-Allee

Katalog-Nr. 13-15, 20-23, 50, 59

Dicke Linde in Bordesholm*

Bordesholm verdankt seine Entstehung den Augustiner-Chorherren, die im 12. Jahrhundert in Neumünster ihr Kloster erbauten und unter Führung des Wendenmissionars Vizelin – 1154 gestorben — Holstein christianisierten. Um 1290 entschloß man sich, eine neue

Heimstätte zu suchen. Eine Insel, idyllisch im Eiderstedter See gelegen, strahlte so viel Ruhe und Abgeschlossenheit aus, daß man hier Kloster und Kirche – 1327 bis 1332 – erbaute.

Berühmt wurde Bordesholm (Holm = Insel, Bord = Rand) einmal durch den Bordesholmer Altar von Hans Brüggemann -1521 vollendet-, den man allerdings im Schleswiger Dom bewundern muß, und zum anderen durch die Dicke Linde vor der Klosterkirche von 1332 auf dem Lindenplatz.

Der Baum -eine Sommerlinde- beherrscht mit seinen weit ausladenden Ästen bei einem Kronendurchmesser von 32 m und einer Höhe von 20 m vollständig den Platz. Der starke Stamm mit 640 cm Umfang trägt dieses Naturwerk ganz sicher, das mit Kirche, Kloster und See eine schöne Harmonie verkörpert.

Ihr Alter wurde nicht bestimmt. Einmal wurde es mit 350 Jahren angegeben, andere schätzen etwa 600 Jahre -schließlich könnte sie auch bald nach dem Kirchenbau gepflanzt worden sein-, denn sechseinhalb Jahrhunderte sind bei dieser knorrigen Ausformung gut denkbar.

In dem ausgezeichneten Buch „Die Riesen der Pflanzenwelt", Eduard Mielck (1863), wird sie als alter Dinggerichtsbaum mit diesen Maßen angegeben: Stammumfang in 1,57 m Höhe 458 cm, Höhe des Baumes 22 m, Kronendurchmesser 26 m.

Da außerdem ein Hinweis auf frühere bekannte Erwähnungen enthalten ist und sie sich in der Abbildung stark über den Dorfplatz hinausreckt, sollte ihr Alter mindestens auf den Klosterbau, vielleicht auch noch früher zurückzuführen sein – 600 bis 700 Jahre dürfte sie alt sein –.

Katalog-Nr. 63

Bräutigamseiche in Dodau*

Im Wald des Forstamtes Eutin (100 m südlich der Försterei Dodau), etwa zwei Kilometer von Eutin in Richtung Plön, steht die weltberühmte Bräutigamseiche. In Form und Wuchs unterscheidet sie sich nicht von vielen anderen Stieleichen. Sie ist 28 m hoch, hat einen Umfang in 1,3 m Höhe von 520 cm, löst sich in fünf Meter Höhe in zwei Stämme auf und wächst ganz normal wie eine gute deutsche Eiche und wie die in ihrer Nähe stehenden Alteichen – sogenannte Brauteichen. Durch Jahrringbohrungen konnte ein Alter von rund 280 Jahren erschlossen werden. Die Geschichte dieser Bräutigamseiche beginnt am 2. Juli 1891, also vor rund hundert Jahren, als der Baum schon beträchtliche Ausmaße erreicht hatte. An diesem Tag ließ sich die Tochter des örtlich zuständigen Oberforstmeisters Ohrt mit dem bekannten Leipziger Schokoladenfabrikanten Schütte-Felsche unter unserer Eiche trauen. Die Hochzeit machte den Baum weithin bekannt. Der Bekanntheitsgrad stieg, nachdem kurze Zeit später in dem Forst-

gehöft Dodau eine Schankwirtschaft mit Pension eingerichtet wurde.
Der Fremdenverkehr war angelaufen. 1867 wurde das erste Hotel in Malente gebaut, 1882 kam es zur Gründung der Kellersee-Dampfschiffahrt. Viele Kurgäste wanderten nach Dodau, besuchten die alte Hochzeitseiche und richteten in dem Astloch einen Briefkasten ein, der über eine Holzleiter zu erreichen ist. Um die Jahrhundertwende übernimmt die Post den offiziellen Zustelldienst zur Bräutigamseiche.
Bis heute kann man aus aller Welt an die Bräutigamseiche, Dodauer Forst, D-23701 Eutin, schreiben und Partner- bzw. Heiratswünsche dem Astloch der Eiche anvertrauen. Die Post stellt sorgfältig zu.
Besucher können ihre Wahl treffen oder auch ihre Wünsche anbringen. Auf diese romantische Weise sind bereits viele Bekanntschaften und Ehen geschlossen worden. Nach wie vor ist die Bräutigamseiche ein beliebtes Ausflugsziel und Medienobjekt. Denn Rundfunk- und Fernsehsender von Nah und Fern berichten über den „Postillon d' amour“ und viele Ungläubige wandern zu der Eiche, um die Zustellung des Postamtes Eutin – Bezirk Land 5 – mitzuerleben oder die Briefwünsche entgegenzunehmen. Alte Bäume sind doch vielgestaltig und immer interessant!

Katalog-Nr. 63

Fünfmarkeiche bei Kellenhusen*

Die auf etwa 380 Jahre bestimmte Eiche zeichnet sich durch einen gewaltigen Stamm -fast sechs Meter Umfang-, eine hochangesetzte Krone des 25 m hohen Baumes und durch harmonisch geschwungene, kräftige Äste aus. So verkörpert die Stieleiche die Vorstellung von einem Wappenbaum.
Tatsächlich schmückte sie die eine Seite des Fünfmarkstückes der Weimarer Zeit, das in den Jahren 1927 bis 1933 geprägt wurde und am 1. April 1937 außer Kurs kam. Das Fünfmarkstück trug die Bezeichnung „Eichbaum". Nach Angaben der „Berliner Münzblätter" vom September 1927 kam die Auflage auf 40 Millionen Fünfmarkstücke.
Der Entwurf der Rückseite wurde von Professor Maximilian Dasio, München, gestaltet, ein „Eichbaum, das Sinnbild deutscher Kraft und Stärke". Der Umkreis der Eiche trägt die Aufschrift:
„Einigkeit und Recht und Freiheit".

Katalog-Nr. 61

Brüderbuche und Fürsteneichen im Sachsenwald*

Vor den Toren Hamburgs, in dem wirtschaftlich stark durchpulsten Dreieck nach Lübeck und Lauenburg hin, hat sich das große Waldgebiet des Sachsenwaldes im wesentlichen geschlossen erhalten. Seit der Zeit Karls des Großen erfüllte der Wald die wichtige Schutzfunktion eines ausgedehnten Grenzwaldes entlang des Limes Saxoniae, wo er im Norden der Sachsenmark das Gebiet gegen die Slawen absicherte. Viele

Herrscher begehrten den ertragreichen Wald, auch die benachbarten Hansestädte forderten den Besitz. Lange Zeit war er größter dänischer Forstbetrieb, bis er 1865 ganz in den Besitz Preußens überging. Auch bei der Bildung des Kaiserreiches spielte der Sachsenwald eine bemerkenswerte Rolle. Am 19. Juni 1871 wurde er im Rahmen der Huldigung königlicher Privatbesitz, um am 24. Juli 1871 als Zeichen besonderen Dankes dem Fürsten Otto von Bismarck, dem erfolgreichen Reichskanzler und Reichsgründer, vom König und Kaiser geschenkt zu werden.

Bismarck liebte seinen Wald. C.von Tiedemann schreibt: „Am wohlsten aber fühlte er sich unter seinen Bäumen. Jede alte Eiche und Buche kannte er persönlich .... Mehr als einmal habe ich von ihm, halb im Scherz, halb im Ernst, die Bemerkung gehört, er habe doch eigentlich seinen Beruf verfehlt, er hätte Förster werden sollen .... Wenn er sich der Forstkarriere gewidmet hätte, würde er es bis zum Oberlandforstmeister gebracht haben“.

In dem Sachsenwald findet man noch viele sehenswerte Bäume, sie sind in der Karte „Der Sachsenwald“ gut markiert.

Die Brüderbuche steht an dem Europa-Wanderweg in Abteilung 142, ungefähr zwei Kilometer südlich von Friedrichsruh. Neun Stämme scheinen aus demselben Wurzelwerk hervorzusprossen, also glei-

chen Ursprungs zu sein. Bei einem Alter von 190 bis 200 Jahren – an Jahrringen abgezählt – erreicht sie eine Höhe von 35 m und einen Umfang in 1,3 m Höhe von 770 cm, eine ganz überdurchschnittlich hohe Wuchsleistung.
Nicht weit entfernt steht die Liebesbuche – zwei ineinandergewachsene Buchenstämme, die eine gemeinsame Krone tragen –.
Auf dem Europa-Wanderweg 400 m nach Süden findet man eine ähnliche Buchenform wie die Brüderbuche, aus sechs Stämmen gebildet, die Lollybuche. Ihr gegenüber in 50 m Entfernung wachsen zwei weitere mehrtriebige Buchengruppen. Es scheint so, als sei hier die Schöpfung besonders verschwenderisch umgegangen.
In der Gruppe der Fürsteneichen - Abteilung 327, etwa 1,2 km nordwestlich der Försterei Witzhaververviert, sind noch zwei mächtige Stieleichen am Leben:

Alter	500 Jahre	400 Jahre Blitzeiche
Höhe	28 m	32 m
Umfang in 1,3 m	525 cm	480 cm
Krone	21 m	28 m

Die Kaisereiche, seit Jahren abgestorben, bildet in dem 60jährigen Buchenbestand einen unübersehbaren Kontrast.

Katalog-Nr. 99, 100

Harzträne
An die Braut

„Wenn dein Sinn für die Poesie des Herbstes, des Reifs in der Maiennacht und alles dessen, was im Menschen dahin gehört, empfänglicher geworden ist, so beweist das nur, daß du nicht mehr zwölfjährig bist. Über die Kinder, äußre und innre, wie über die kleinen Bäume im Walde, geht der Sturm hinweg, der in den Kronen der alten braust und sie beugt und bricht; wenn sie größer werden, wachsen sie in die Sturmschichte hinein, und ihre Wurzeln müssen kräftiger werden, wenn sie nicht untergehen wollen.
Wenn Bäume im Sturm Risse erleiden, so quillt das Harz wie lindernde Tränen aus ihnen und heilt; wenn sie aber gegen derlei Risse nicht Schutz in eigner Festigkeit, sondern immer wieder das Heilmittel der Harzträne (welcher zufällige Doppelsinn) suchen, so erschöpfen sie den Quell und trocknen aus."

Otto von Bismarck
„Über die Natur"

Blutbuche und Bergahorn im Hirschpark Blankenese*

Der Hirschpark in Blankenese ist eine Schöpfung der Familie Godeffroy. Zwanzig Jahre nach der Gründung des später weltbekannten Handelshauses Johannes Cäsar Godeffroy und Sohn erwarb der Inhaber 1786 den Park und ließ ihn dendrologisch entwickeln. Der heutige Erholungspark besticht mit seinen alten Eichen, Linden und Ahornen, seinen besonders schö-

nen Rhododendronpflanzungen und seiner Doppellindenallee.
Die Handelsfamilie ging mit Johann Cäsar VI. in die Geschichte der Hamburger Reedereien ein, der in der Mitte des 19. Jahrhunderts der „König der Südsee“ genannt wurde. Mit 45 Faktoreien und Agenturen auf den Samoa- und Tongainseln und mit 30 Segel- und sechs Dampfschiffen, zumeist auf eigener Werft erbaut, beherrschte das Haus weite Seebereiche des Südens. Der letzte Firmeninhaber verbrachte seinen Lebensabend im Hause des Hirschparks.
Nach wirtschaftlichen Schwierigkeiten ging der Park 1879 in den Besitz einer Bankiersgruppe über. 1890 wurde er an den Kaufmann Ernst August Wriedt verkauft. Nach dessen Tod kam er 1924 in den Besitz der Gemeinde Blankenese und 1937 nach Hamburg.
Inmitten des Parks wird auch heute noch ein Gehege mit Hirschen unterhalten, das der Anlage den Namen einbrachte.
Besondere Anziehungspunkte sind zwei Bäume: die Blutbuche vor dem Godeffroy-Schlößchen und der alte Bergahorn inmitten des Parks.
Die Blutbuche wirkt wie ein Vulkangebirge: aus dem Boden hervorbrechend, in vielfachen Formen erstarrend, dann Bäume gebärend, die wie Säulen aufstreben und sich schwingend verzweigen. Man muß allein den Erdstamm auf sich wirken lassen: gemeißelt, gepreßt, nach außen

strebend mit seinem gewaltigen Umfang von über sieben Meter. Die voll belaubte, rot leuchtende Krone läßt vergessen, daß sie genauso hoch wie breit gestaltet ist, nämlich mit 33 m in jeder Richtung. Was bedeutet hingegen ein Alter von etwa 300 Jahren, wo sie doch von ihrem freien Platz vor dem Haus so viele Generationen erleben konnte?
Der Bergahorn erreicht nicht die gleichen gewaltigen Wuchsdimensionen. Er ist „nur" 26 m hoch und kommt auf einen Stammumfang in Brusthöhe von 600 cm, seine Form ist jedoch unverkennbar auffallend: so als seien mehrere Bäumchen miteinander gepflanzt worden, die eng zusammen aufwachsen mußten, um sich dann in drei Meter Höhe wie ein großer Strauß allseits zu entfalten.
Starke Bäume steigen aus diesem Bouquet auf, verzweigen sich tausendfach und spannen mit ihren feinen, winkligen, eigensinnigen Endtriebchen ein feines Netz über die gewaltige Krone, die 38 m weit auslegt und den Baum zu einem Pilz am Himmel entfalten läßt.

Katalog-Nr. 2, 3
Hamburg

Bäume des Jenischparks*

Auf dem 42 Hektar großen Parkgelände kann man Baumpatriarchen solitär und in Gruppen erleben.
Die alte, hohle Stieleiche, 100 m unterhalb des Jenischhauses, die mit ihrer auffallend starken Brettbildung der Borke am Erdstamm wohl auf ein Alter von ca. 500 Jahren geschätzt werden darf. Sie erreicht einen

Stammumfang von 750 cm und eine Höhe von 22 m.

Kurz oberhalb des Jenischhauses fallen zwei starke Blutbuchen auf, die aus Pfropfungen hervorgegangen sind. Wegen ihrer modellierten Buchtungen am Stamm wird die eine als Frauenbuche, die andere als Männerbuche bezeichnet.

Der Park dokumentiert mehrere historische Begebenheiten.Nachdem Dänemark 1768 Hamburg als kaiserliche freie Reichsstadt anerkannt hatte, erwarben hanseatische Kaufleute Bauernhöfe in dem Elbgebiet, um sie zu Landschaftsgärten englischen Stils umzugestalten. Nicht geometrische Regelmäßigkeit, sondern Naturtreue waren fortan gefragt und wurden auch gestaltet. Die Häuser hingegen mußten dem strengen englischen Baustil angepaßt sein.

Caspar Voght -Inhaber eines bedeutenden europäischen Handelshauses- kaufte 1785 das Land mit den alten Eichen, die überwiegend aus dem 17. Jahrhundert stammen sollen, und entwickelte hier den ersten englischen Park Norddeutschlands. Damit war nur ein Teil seiner Planung erreicht. Ihm schwebte vor, ein Mustergut aufzubauen, in dem grundlegende Neuerungen der Landwirtschaft erprobt und in die Praxis eingeführt werden sollten. Gleichzeitig wollte er eine Baumschule angliedern und Einrichtungen schaffen, die den Armen und Arbeitslosen wieder vernünftige

Aufgaben zuweisen und ihren Lebensunterhalt absichern sollten. Hierzu setzte er sein Mustergut mit allen Anlagen ebenso ein wie seine angewandten Vorschläge zur Reform der Armenfürsorge in Wien, Hamburg und Berlin. Seine Philosophie drückte sich am stärksten in dem Bestreben aus, Menschen in den Arbeitsprozeß, vor allem in das Handwerk, wieder einzugliedern. Für diese Leistungen, die damals zu Recht als revolutionär bezeichnet wurden, verlieh ihm 1802 Kaiser Franz II. das Adelsprädikat.

Die Flottbeker Baumschule wurde von dem schottischen Gärtner James Booth, den Voght um 1785 geholt hatte, aufgebaut und geleitet. Sein Wirken strahlte so aus, daß in dieser Region das größte Forstbaumschulgebiet Europas entstand, das noch heute im Raume Halstenbek-Pinneberg beheimatet ist.

Ein weiterer Impuls ging von hier aus: James Booth hatte in Klein Flottbek zahlreiche fremdländische Baumarten angezogen. Sein Enkel John Booth war von den Ergebnissen der Versuche so angetan, daß er den Kanzler Fürst Bismarck überzeugen konnte, in dem Reich umfangreiche Versuche über den Anbau exotischer Baumarten zu initiieren.

Die Deutschen Forstlichen Versuchsanstalten begannen ab 1880 mit dem Anbau 18 besonders ausgewählter ausländischer Baumarten, von denen sich einige auch in

Deutschland gut bewährt haben, wie z.B. die Douglasie.
Der Besitz wurde 1828 an den Sohn der befreundeten Familie Jenisch verkauft. Er ließ 1831 bis 1834 das Jenischhaus errichten. Park und Haus, das heute ein Museum von Spätrenaissance bis Jugendstil darstellt, gingen 1927 in den öffentlichen Besitz über.

Katalog-Nr. 1, Hamburg

Linde vor der Horner Kirche*

Katalog-Nr. 3, Bremen

Die Vorgängerkirche, die Kirche zum heiligen Kreuz, wird als Schenkung von Erzbischof Hartwig II. schon 1185 genannt. Sie stand auf der Gerichtsstätte des Hollerlandes, 1380 urkundlich festgehalten. Die alte Linde fungierte hier als Gerichtsbaum. Sie kann 600 bis 800 Jahre alt sein. Ihr Alter läßt sich nicht mehr bestimmen, da der Stamm bis in die Krone hohl ist. Seine Form ist beeindruckend: verknorpelt, verknöchert, voller Wucherungen und Stauchungen, trotzdem lebensfroh und vital.
An einem nebligen Wintertag steigt die Linde wie eine zur Mahnung ausgestreckte Hand mit nackten Fingern aus dem Grund des Friedhofes hervor.
Die Sommerlinde ist mit 22 Metern Höhe so hoch wie breit. Ihr Stammumfang läßt sich auf 750 cm rekonstruieren.

* Text aus Hans Joachim Fröhlich „Alte liebenswerte Bäume in Deutschland“, C. Ahlering-Verlag, Hamburg 1989
Abdruck mit freundlicher Genehmigung des Verlages.
Buch über Verlag oder Buchhandlung oder Kuratorium erhältlich.

DÄNEMARK
SYLT
FÖHR
LANGENESS
AMRUM
HALLIGEN
PELLWORM
NORDSTRAND
NORDSEE
9
Flensburg
5-8
10
11
1
2
3
4
Schleswig
13-15
16
17
19
26
33
32
Eider
50
Schleswig -
51
52
53
54
44
55
Nord- Ostsee- Kanal

ALSEN
LANGELAND
LOLLAND
OSTSEE
FEHMARN
12
18
20-23
24
25
27-29
30
31
56
Kiel
45-47
48
35
41
36-40
49
42
43
60
61,62
59
olstein
57
58
64
63
67
68

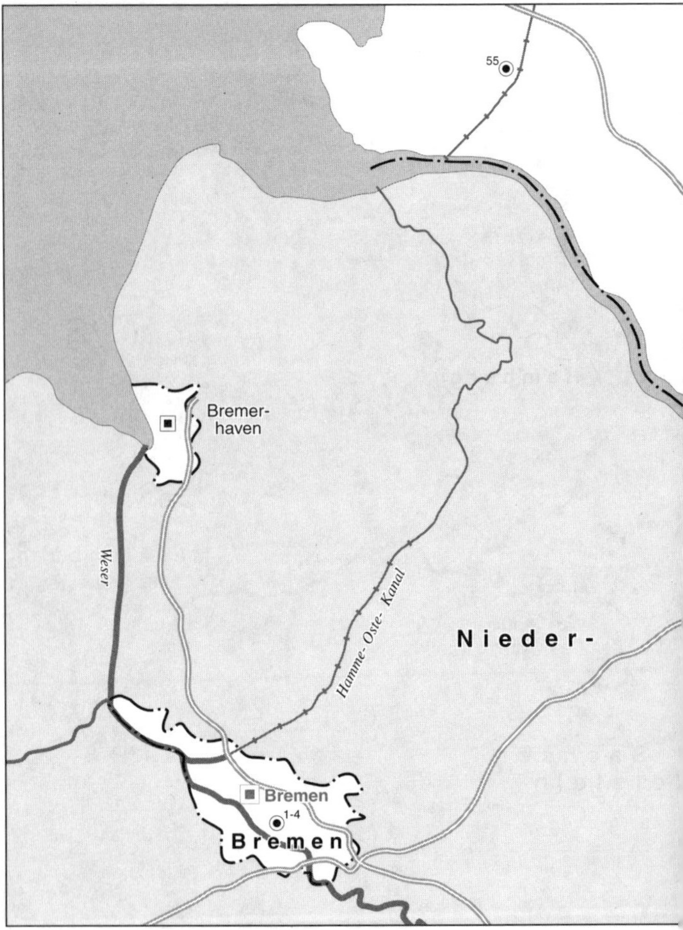
55
Bremer-
haven
Weser
Hamme- Oste- Kanal
Nieder-
Bremen
1-4
Bremen

67
68
69
65
66
Lübeck
81
82
83,84
87
70
88
71
72
73
85
89,91,92
5-77
78,79
90
Hamburg
93
80
94,95
1-13
96
97
98
Hamburg
86
99,100
Elbe-Lübeck-Kanal
Elbe
Mecklenburg
Sachsen

1 Mehrstammbuche und Esche in Arlewatt

Baumart: Buche/Esche
Alter: 120 Jahre
Höhe: 17/19 m
Umfang: 580/280 cm
Krone: 18/10 m
Besonderheiten: Buche vielstämmig, breitkronig, aus 6 bis 10 Stockausschlägen bis in 3 m Höhe zusammengewachsen und dann in drei Hauptäste aufgeteilt. Esche = Ausschlag aus einem Stock von mehr als 10 m Umfang. Sehenswerte Baumgruppe.
Standort: von der B 5 Husum – Bredstedt an der Abzweigung Horstedt bis Arlewatt. Dort die Abzweigung in Richtung Olderup wählen. Die Baumgruppe steht dann linkerhand beim ersten Gehöft am Ortsausgang.

2 Eibe auf der Insel Nordstrand

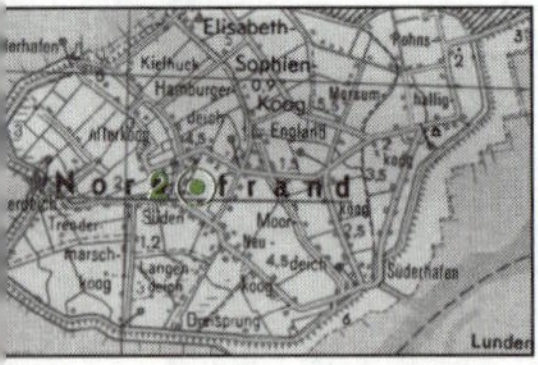

Baumart: Eibe
Alter: 300-400 Jahre
Höhe: 11 m
Umfang: 230 cm
Krone: 10 m
Besonderheiten: vollbekronter Solitär
Standort: vor der Grundschule neben der altkatholischen Kirche in Nordstrand-Süden.

3 Eibe in Rantrum

Baumart: Eibe
Alter: 300-400 Jahre
Höhe: 7 m
Umfang: 260 cm
Krone: 8 m
Besonderheiten: tiefbeastet, windgeschoren, aber gesund. Auf der Wet-

terseite sterben die Nadel schneller ab als im Lee.
Standort: von Husum über Mildstedt nach Südosten.100 m hinter dem Ortseingang Rantrum nach rechts bis zum Ende der Schulstraße, dann links zum Norderende. Die Eibe steht im Privatgarten Norderende 2.

4 Alte Eiche in Hude

Baumart: Eiche
Alter: 400-500 Jahre
Höhe: 22 m
Umfang: 550 cm
Krone: 16 m
Besonderheiten: Stieleiche, die in 3 m Höhe zwieselt. Die Zwieselung wiederholt sich im gesamten Astwerk.
Standort: 20 m hinter dem Ortseingang von Hude aus Richtung Schwabstedt, auf dem Knick.

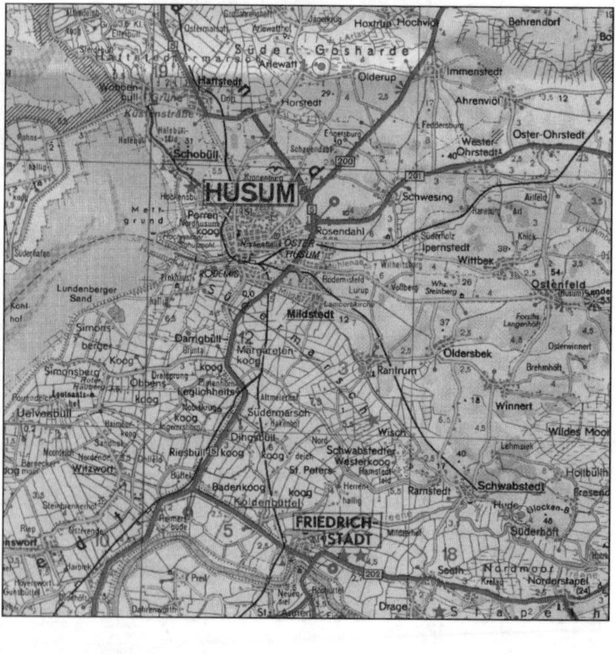

5 Eibe am Fruerlundhof in Flensburg

Baumart: Eibe
Alter: 400-500 Jahre
Höhe: 13 m
Umfang: 260 cm
Krone: 13 m
Besonderheiten: älteste Eibe in Flensburg, alter Hofbaum, harmonischer Habitus mit walzenförmigem Stamm und kegelförmiger Krone.
Standort: vor dem Wohnhaus in Fruerlundhof.

6 Eiche in der Marienhölzung in Flensburg

Baumart: Eiche
Alter: 250-350 Jahre
Höhe: 26 m
Umfang: 510 cm
Krone: 24 m
Besonderheiten: traditionsreicher Standort für Versammlungen und Feste, beliebtes Ausflugsziel. Stieleiche.
Standort: vor der historischen Gaststätte „Marienhölzung“.

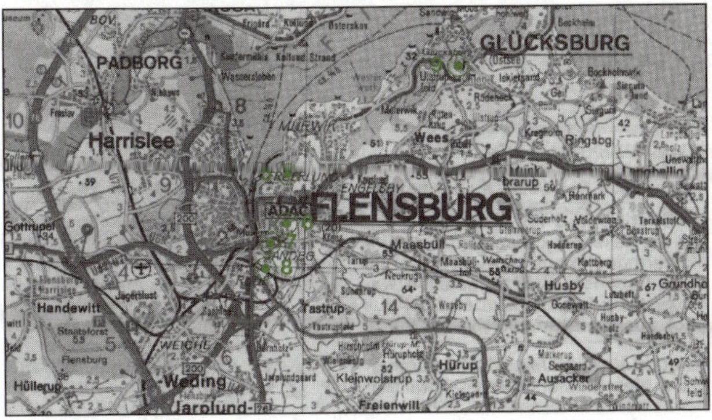

7 Alte Linde in Flensburg

Baumart: Linde
Alter: 300-400 Jahre
Höhe: 21 m
Umfang: 725 cm
Krone: 16 m
Besonderheiten: alter Hofbaum, Winterlinde. Baumscheiben mit Findlingen begrenzt. Tief angesetzte Krone.
Standort: Förderstraße 65 (Innenstadt), im Rondell einer Einfahrt zu einem alten Bauernhaus.

8 Alte Ulme vor dem Museum in Flensburg

Baumart: Ulme
Alter: 200 Jahre
Höhe: 28 m
Umfang: 450 cm
Krone: 21 m
Besonderheiten: Bergulme, in 3 m Höhe gezwieselt, starke Wurzelanläufe, gesund. Alte, private Parkanlage.
Standort: an der Westseite des Museums.

9 Graupappel am Schloßweiher in Glücksburg

Baumart: Pappel
Alter: 150-180 Jahre
Höhe: 32m
Umfang: 400 cm
Krone: 15 m
Besonderheiten: tiefbeastet, grobborkig, stark verzweigt. Äste fast horizontal stehend. Vier Bäume an der Straße zum Weiher hin.
Standort: am Schloßweiher in Glücksburg.

10 Kirchhofslinde in Steinbergkirche

Baumart: Linde
Alter: 600-800 Jahre
Höhe: 14 m
Umfang: 920 cm
Krone: 13 m
Besonderheiten: Sommerlinde. Stammtorso, hohl, offen, mit vielen Wucherungen und Verwachsungen. Der älteste Teil der Kirche ist etwa 800 Jahre alt.
Standort: auf dem Friedhof, neben der Kirche.

11 Reformationseiche in Sterup-Schnabe

Baumart: Eiche
Alter: 350-450 Jahre
Höhe: 14 m
Umfang: 590 cm
Krone: 16 m
Besonderheiten: Baumveteran mit knorrigem Habitus und narbiger Rinde. Durchgehender Stamm, kegelförmige Krone. Pflanzung als Wahrzeichen der Reformation.
Standort: Am Ende der Straße „Schnaber Weg“.

12 Parkeiche auf Gut Krieseby

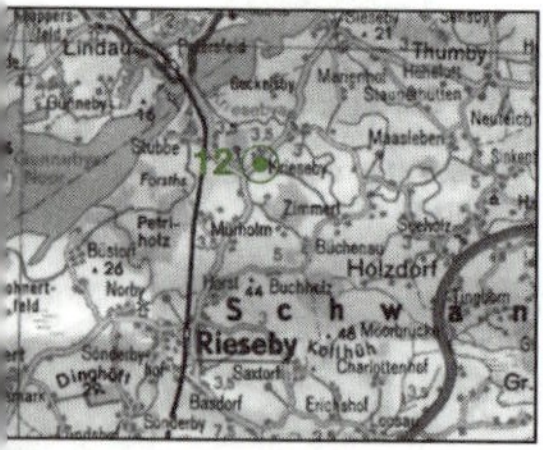

Baumart: Eiche
Alter: 850-950 Jahre
Höhe: 26 m
Umfang: 665 cm
Krone: 18 m
Besonderheiten: Stieleiche. Knorriger Stamm, starker Zwiesel ab 8 m Höhe. Der Hof ist bereits um 1200 erwähnt.
Standort: etwa 9 km nördlich von Eckernförde, im Gutspark, im Winkel einer Lindenallee.

13 Graupappel „Schleswig I“ am Neuwerk in Schleswig

Baumart: Pappel
Alter: 85 Jahre
Höhe: 39 m
Umfang: 305 cm
Krone: 15 m
Besonderheiten: einschnürig vollholziger Schaft mit gleichmäßiger Krone und starken Ästen. Krone ab 18 m Höhe. Sehr wüchsig. Starke Wurzelbrut. Für Züchtungszwecke häufig eingesetzt. Männlich. Besonders standfest gegen Sturm und Seewind.
Standort: ca. 600 m nördlich des Schlosses Gottorf. Vom Haltepunkt „Anlage Neuwerk“ über die „Königsallee“ nach Norden bis zum ersten Fußweg, links ab, gleich wieder rechts bergauf, nach 50 m am Abhang der Terrasse linker Hand zwei Graupappeln. In der Nähe der Reitplätze.

Baumart: Pappel
Alter: 90-110 Jahre
Höhe: 35 m
Umfang: 320 cm
Krone: 14 m
Besonderheiten: krummer, astiger, starkwüchsiger Baum. Glatte, grüne Rinde bis in die untersten Stammpartien.
Standort: an der Straße im Park, am Landratsamt.

14 Graupappel am Landratsamt Schleswig

Baumart: Pappel
Alter: 130-150 Jahre
Höhe: 28 m
Umfang: 250 cm
Krone: 14 m
Besonderheiten: krumm- und langsamwüchsig. Grobschuppige Rinde bis in die Krone. Ab 7 m Höhe viel- und starkastige Krone, stark verzwieselt, knickige, wirre Äste.
Standort: Schloßgraben an der Verladerampe, an der Brücke.

15 Graupappel „Schleswig II“ am Schloßgraben in Schleswig

Baumart: Eiche
Alter: 300-400 Jahre
Höhe: 18 m
Umfang: 540 cm
Krone: 22 m
Besonderheiten: Überhälter des ehemaligen Waldes, Stieleiche.
Standort: an der Straße von Schleswig nach Hüsbygaard, 400 m westlich der Försterei Hüsby-Tiergarten.

16 Brauteiche bei Hüsbygaard

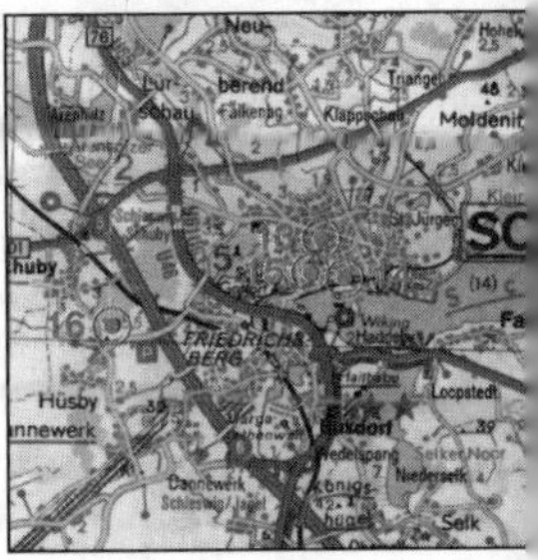

17 Linde auf Gut Möhlhorst

Baumart: Linde
Alter: 250-350 Jahre
Höhe: 30 m
Umfang: 460 cm
Krone: 17 m
Besonderheiten: schöner, gleichmäßiger Baum, vier Äste ab 3 m Höhe. Alte Schnittstufen in 5, 10 und 20 m Höhe. Winterlinde.
Standort: Gemeinde Fleckeby, Ortsteil Möhlhorst. Von der B 76 am Wegweiser Möhlhorst ca. 2 km nach Süden, dann beim Wegweiser Götheby geradeaus bis zum Ende der Allee.

18 Stiftseiche in Dänisch Nienhof

Baumart: Eiche
Alter: 800-900 Jahre
Höhe: 20 m
Umfang: 740 cm
Krone: 20 m
Besonderheiten: knorrige Stieleiche im Blickfeld der Dorfstraße vor dem Stift. Vor etwa 150 Jahren wurde die Krone offenbar bis auf 6 m Höhe gestutzt.
Standort: in der Ortsmitte von Dänisch Nienhof, links neben der Einfahrt zum Stift, auf einem kleinen Hügel.

19 Gedenkeichen in Ascheffel

Baumart: Eiche
Alter: 300-400 Jahre
Höhe: 23 m
Umfang: 535, 580 cm
Krone: 20, 35 m
Besonderheiten: zwei Eichen im Blickpunkt des Ortes. Gedenksteine 1870/71 und 1939-45.
Standort: am Mühlenweg in Ascheffel.

20 Graupappel „Al 2" im Park Altenhof

Baumart: Pappel
Alter: 110-130 Jahre
Höhe: 38 m
Umfang: 120 cm
Krone: 17 m
Besonderheiten: sehr wüchsig, gerader Schaft mit wenigen Klebästen. Hauptäste gehen in 18 bis 21 m Höhe steil gestellt ab. Rissige Borke weit hinaufreichend.
Standort: etwa 100 m vom Weg zum Schloß entfernt, im Park.

21 Graupappel „Al 5“ im Schloßpark Altenhof

Baumart: Pappel
Alter: 100-120 Jahre
Höhe: 38 m
Umfang: 300 cm
Krone: 13 m
Besonderheiten: sehr wüchsiger Baum mit leicht geschwungenem, vollholzigem Schaft. Hoch angesetzte, gut ausgebildete Krone mit steil gestellten Ästen. Borke bis 20 m Höhe längsrissig, dann in Spiegelrinde übergehend.
Standort: im Parkgehölz hinter dem Schloß Altenhof.

22 Graupappel „Al 4" im Schloßpark Altenhof

Baumart: Pappel
Alter: 100-130 Jahre
Höhe: 38 m
Umfang: 280 cm
Krone: 12 m
Besonderheiten: sehr wüchsiger Baum mit geradem, durchgehendem, leicht abgebogenem Schaft. Krone gut ausgebildet. Borke bis 10 m Höhe längsgefurcht, dann in helle Spiegelrinde mit Querbänderung übergehend.
Standort: im Parkgehölz hinter dem Schloß.

23 Graupappel „Al 3" im Schloßpark Altenhof

Baumart: Pappel
Alter: 100-130 Jahre
Höhe: 35 m
Umfang: 260 cm
Krone: 12 m
Besonderheiten: wüchsiger Baum mit geschwungenem und durch Dichtstand abgebogenem Schaft. Hauptäste in 16 bis 18 m Höhe. Gut ausgebildete Krone mit steil gestellten Ästen. Borke bis in 16 m Höhe längsgefurcht, dann in Spiegelrinde übergehend.
Standort: etwa 50 m vom Weg zum Schloß entfernt.

24 Eiche beim Gut Borghorst

Baumart: Eiche
Alter: 400-500 Jahre
Höhe: 24 m
Umfang: 560 cm
Krone: 8 m
Besonderheiten: Stieleiche, Wiesenbaum. Krone durch Ausbrüche stark geschädigt.

Standort: etwa 4 km nördlich von Gettorf liegt das Gut Borghorst. Die Eiche steht etwa 1 km südlich des Gutes, vor dem Wald, links im Acker.

25 Eiche beim Gehöft Borghorstermühle bei Osdorf

Baumart: Eiche
Alter: 250-350 Jahre
Höhe: 28 m
Umfang: 450 cm
Krone: 30 m
Besonderheiten: sehr breit ausladende, freistehende, gleichmäßig gewachsene Stieleiche. Krone ab 5 m Höhe, an der Straßenseite gestutzt.
Standort: von der B 76 in Gettorf in Richtung Osdorf abbiegen. Nach ca. 2 km führt links eine etwa 80-jährige Lindenallee zum Gut Augustenhof. Ca. 100 m weiter steht an der Straße rechts, beim ersten Gehöft, die Eiche.

26 Linde in Bistensee

Baumart: Linde
Alter: 300-400 Jahre
Höhe: 20 m
Umfang: 550 cm
Krone: 22 m
Besonderheiten: Winterlinde. Mehrfach beschnittene, vielastige Krone ab etwa 3 m Höhe. Kopfschnitt vor etwa 30 Jahren in etwa 8 m Höhe, mehrfach nachgeschnitten.
Standort: ca. 50 m hinter dem Ortseingang des Ortsteils Poggensiek, links vor dem Feuerwehrgerätehaus, gegenüber der Schule, umgeben von vier jüngeren Eichen.

27 Drei Eichen bei Lindau

Baumart: Eiche
Alter: 300-400 Jahre
Höhe: 22 m
Umfang: 445, 430, 470 cm
Krone: 25,17,16 m
Besonderheiten: tief bekront, Kronen teilweise gestutzt. Stieleichen.
Standort: von der Straße Gettorf-Rendsburg geht ca. 2 km hinter Revensdorf nach links die Straße nach Lindau ab. Von dort geht ein Feldweg nach Norden. Die Eichen sind von der Kreuzung 50 m, 100 m bzw. 300 m entfernt.

28 Eiche in Lindau

Baumart: Eiche
Alter: 300-400 Jahre
Höhe: 22 m
Umfang: 530 cm
Krone: 18 m
Besonderheiten: starke, gesunde Stieleiche. Krone an der Straßenseite beschnitten.
Standort: Etwa 1 km von der Abzweigung Lindau – an der Straße Gettorf-Rendburg – am Wegedreieck (rechts zum Dorf, links zum Gut und nach Revensdorf) an der Westseite des Weges beim Haus Nr. 4.

29 Alte Eichen bei Lindau

Baumart: Eiche
Alter: 300-400 Jahre
Höhe: 20 – 24 m
Umfang: um 500 cm
Krone: 15 – 18 m
Besonderheiten: mehrere Alteichen von starkem Wuchs und einige Linden. Stieleichen.

Standort: am Verbindungsweg von Gut Lindau nach Revensdorf-Königsförde.

30 Eichen beim Gut Wulfshagenerhütten

Baumart: Eiche
Alter: 400-500 Jahre
Höhe: 22 m
Umfang: 600 cm
Krone: 25 m
Besonderheiten: drei Stieleichen in einer Gruppe, die stärkste mit leicht nach Osten geneigtem Stamm. Breite ausladende Krone ab etwa 6 m Höhe.
Standort: Etwa 4 km südlich von Gettorf liegt das Gut Wulfshagenerhütte. Etwa 50 m nördlich des Gutes, auf einer Koppel, stehen die Eichen.

31 Eibe in Klausdorf

Baumart: Eibe
Alter: 300-400 Jahre
Höhe: 9 m
Umfang: 235 cm
Krone: 9 m
Besonderheiten: dreistämmiger Baum mit gleichmäßiger, kugelförmiger Krone ab 2 m Höhe. Waagerechte Äste, die bis 1 m über den Boden hängen.
Standort: In Altenholz, Ortsteil Klausdorf, in der Dorfmitte, vor der Kegelbahn des Gasthauses, steht die Eibe.

32 Linde am Weg zum Töpferhaus in Neu Duvenstedt

Baumart: Linde
Alter: 250-350 Jahre
Höhe: 23 m
Umfang: 460 cm
Krone: 16 m

Besonderheiten: tiefhängende Rundkrone. Winterlinde.
Standort: an der Abzweigung Ahlefeld-Alt, Duvenstedt-Töpferhaus zwischen altem Bauernhaus und Scheune.

33 Eiche bei der Mühle in Stenten

Baumart: Eiche
Alter: 450-550 Jahre
Höhe: 23 m
Umfang: 620 cm
Krone: 24 m
Besonderheiten: Stieleiche. Knorrige Kopfeiche, ab 3 m Höhe dreistämmig, voller Wasserreiser, die Äste reichen bis zum Boden.
Standort: Holzbunge, Ortsteil Stenten, an der alten Mühle.

34 Zwei Eichen bei Bünsdorf

Baumart: Eiche
Alter: 300-400 Jahre
Höhe: 21, 21 m
Umfang: 445, 450 cm
Krone: 18, 14 m
Besonderheiten: Stieleiche mit hohlem Stamm. Steile, gleichmäßige Krone ab etwa 8 m Höhe.
Standort: Bünsdorf, am Südufer des Wittensees, in der Ortsmitte, hinter der Kirche.

35 Eibe beim Gasthaus Griesenböhel

Baumart: Eibe
Alter: 400-500 Jahre
Höhe: 10 m
Umfang: 275 cm
Krone: 10 m
Besonderheiten: ab 1,3 m Höhe fünfstämmig. Breite, schirmförmige Krone.

Standort: von der B 202 an der Abzweigung Achterwehr nach etwa 5 km auf der linken Seite, vor der Kegelbahn des Gasthauses.

36 Alte Eiche auf Gut Marutendorf

Baumart: Eiche
Alter: 500-600 Jahre
Höhe: 29 m
Umfang: 670 cm
Krone: 26 m
Besonderheiten: Der mächtige Stamm, der sich in etwa 7 m Höhe aufteilt, trägt Beulen, Köpfe und Gesichter und hat eine brettartige Rinde. Stärkste Eiche des Gutes, das über gute Eichen- und Buchenbestände mit Edellaubholz verfügt.
Standort: an der Nordwestseite des Gutes, am Holzplatz.

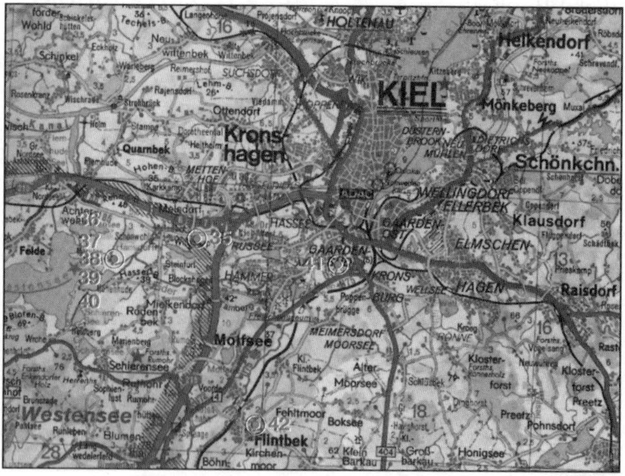

2 Eibe auf der Insel Nordstrand

3 Eibe in Rantrum

37 Geschwungene Zwieseleiche auf Gut Marutendorf

Hamburg 11 Friedenseiche im Eichenpark

39 Lindenallee auf Gut Marutendorf

Bremen 1 Freese'sche Eiche in Oberneuland

Hamburg 9 Eiche am Licentiatenberg

Übersichtskarte Schleswig-Holstein

Sønderborg
Rudkøbing
Langeland
Marstal
Nakskov
Lolland
Maribo
Rødby
Fehmarn
Burg
Heiligenhafen
Kappeln
Eckernförde
KIEL
Kronshagen
Lütjenburg
Oldenburg
Preetz
Plön
Malente
Eutin
Grömitz
Neustadt
Neumünster
Bordesholm
Nortorf
Timmendorfer Strand
Bad Segeberg
Bad Schwartau
Ratekau
LÜBECK
Kellinghusen
Bad Bramstedt
Kaltenkirchen
Henstedt-Ulzburg
Bad Oldesloe
Reinfeld
Stockelsdorf
Quickborn
Norderstedt
Ahrensburg
Barmstedt
Ratzeburg
Naturpark Lauenburgische Seen
Mölln
HAMBURG
Reinbek
Schwarzenbek
Geesthacht
Lauenburg
Schönberg
Gadebusch
Wismar
SCHWERIN
Wittenburg
Hagenow
Boizenburg
Winsen
Buchholz
Lüneburg
Bleckede
Dannenberg
Bad Bevensen
Lüneburger Heide
Naturpark Elbufer

16 Brauteiche bei Hüsbygaard

Bremen 3 Linde vor der Horner Kirche

67 Eiche am Thinkplatz in Sarau

62 Kroneiche bei Kellenhusen

43 Dicke Linde in Bordesholm

63 Bräutigamseiche bei Dodau

57 Kratteiche bei Perdöl

37 Geschwungene Zwieseleiche auf Gut Marutendorf

Baumart: Eiche
Alter: 400-500 Jahre
Höhe: 24 m
Umfang: 610 cm
Krone: 21 m
Besonderheiten: geneigter Stamm, in 5 m Höhe in drei Achsen übergehend, stark verzweigt. Stieleiche.
Standort: auf der Westseite des Gutes, am Ende der Eichenreihe, im Winkel des Forsthauses.

38 Zwei Eichen auf Gut Marutendorf

Baumart: Eiche
Alter: 350-450 Jahre
Höhe: 31, 29 m
Umfang: 620, 505 cm
Krone: 28, 23 m
Besonderheiten: zwei starke, vollkronige Stieleichen.
Standort: an der neuen Gutsauffahrt, an der Ostseite des Gutshofes.

39 Linde auf Gut Marutendorf

Baumart: Linde
Alter: 200-250 Jahre
Höhe: 39 m
Umfang: 520 cm
Krone: 23 m
Besonderheiten: eindrucksvolle Lindenallee.
Standort: in der Allee der älteren Gutsauffahrt, etwa 400 m östlich des Gutshofes.

40 Feldeiche auf Gut Marutendorf

Baumart: Eiche
Alter: 350-450 Jahre
Höhe: 20 m
Umfang: 540 cm
Krone: 22 m
Besonderheiten: Blitzrinne.
Standort: etwa 450 m nördlich des Gutshofes, in einem kleinen Feldgehölz mit Teich.

41 Eiche auf dem Friedhof Eichhof in Kronshagen

Baumart: Eiche
Alter: 250-300 Jahre
Höhe: 27 m
Umfang: 450 cm
Krone: 26 m
Besonderheiten: weitere interessante Bäume: Buche, Pappel, Eiche, Silberahorn – auf dem um 1900 angelegten Friedhof.
Standort: an der Nordost-Seite des Friedhofs Eichhof in Kronshagen, am Fußweg.

42 Eibe beim Pastorat Flintbek

Baumart: Eibe
Alter: 800 Jahre
Höhe: 13 m
Umfang: 380 cm
Krone: 13 m

Besonderheiten: regelmäßige breite und schirmartige Krone ab etwa 3 m Höhe, bis 2 m über den Boden reichend.
Standort: Kirche und Pastorat in der Ortsmitte von Flintbek.

43 Dicke Linde in Bordesholm

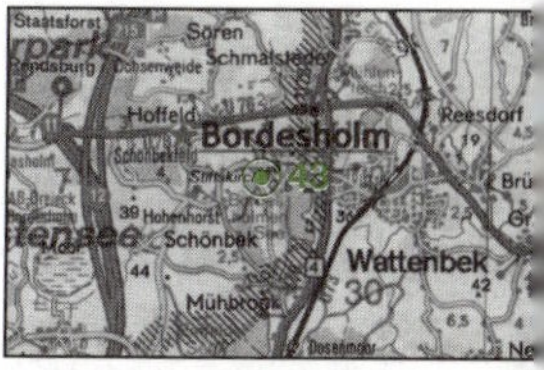

Baumart: Linde
Alter: 400 Jahre
Höhe: 20 m
Umfang: 640 cm
Krone: 32 m
Besonderheiten: weit ausladende Krone, schlangenförmige Äste. Alter Dinggerichtsbaum.
Standort: auf dem Lindenplatz in Bordesholm, vor der Klosterkirche.

44 Ilex beim Jugendaufbauwerk in Hanerau-Hademarschen

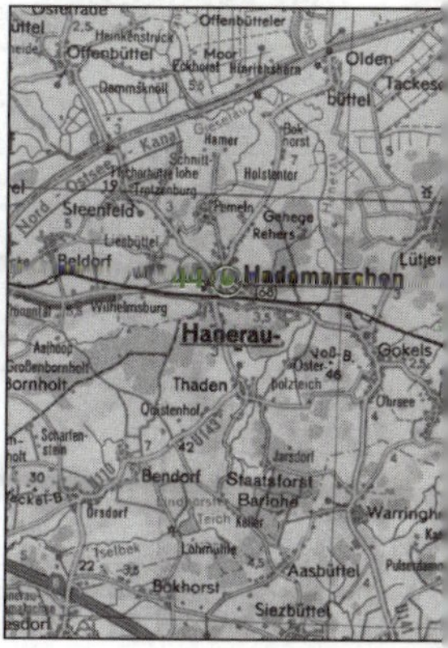

Baumart: Ilex
Alter: 100-200 Jahre
Höhe: 10 m
Umfang: 105 cm
Krone: 6 m
Besonderheiten: voll bekronter Solitär, bis zur Erde beastet. Seltenheit.
Standort: in Hanerau-Hademarschen nach Süden, in Richtung Thaden abbiegen. An der Straße befindet sich ein Wegweiser zur Schule.

45 Eiche im Prinzengarten von Kiel

Baumart: Eiche
Alter: 400 Jahre
Höhe: 18 m
Umfang: 505 cm
Krone: 8 m
Besonderheiten: Stieleiche, an den Hauptästen stark gestutzt, ehemals Zwiesel, Austrieb junger Zweige.
Standort: am Hafen, Düsternbrocker Wall.

46 Eiche am Theodor-Heuss-Ring in Kiel

Baumart: Eiche
Alter: 250 Jahre
Höhe: 20 m
Umfang: 440 cm
Krone: 16 m
Besonderheiten: volle Krone.
Standort: Thedor-Heuss-Ring / Lübscher Straße.

47 Linde am Hof Vieburg bei Kiel

Baumart: Linde
Alter: 350-400 Jahre
Höhe: 27 m
Umfang: 755 cm
Krone: 22 m
Besonderheiten: stattliche, beherrschende Winterlinde mit tief angesetzten, stark geschwungenen Ästen. Rinde im Stammbereich brettartig. Von einer Rundbank umgeben. Ehemaliger landesherrlicher Meierhof, seit 1614 nachweisbar, erhielt seinen Namen vom Meimersdorfer Moor. Vi = Sumpfwiese.
Standort: Kiel-Gaarden.

48 Eichen-/Buchenpaar auf der Krusenkoppel in Kiel

Baumart: Eiche/Buche
Alter: 160 Jahre
Höhe: 26 m
Umfang: 700 cm
Krone: 18 m
Besonderheiten: die beiden Bäume sind im Stammbereich an mehreren Stellen vereint. Ungewöhnliche Kombination.
Standort: am Düsternbrooker Weg, am Ostrand von Kiel.

49 Friedenseiche in Moorsee

Baumart: Eiche
Alter: 350-450 Jahre
Höhe: 24 m
Umfang: 520 cm
Krone: 23 m
Besonderheiten: Traubeneiche, kurzer Stamm, ausladende Krone, gut belaubt.
Standort: in Moorsee, am Steindamm.

50 Graupappel in Strübbel

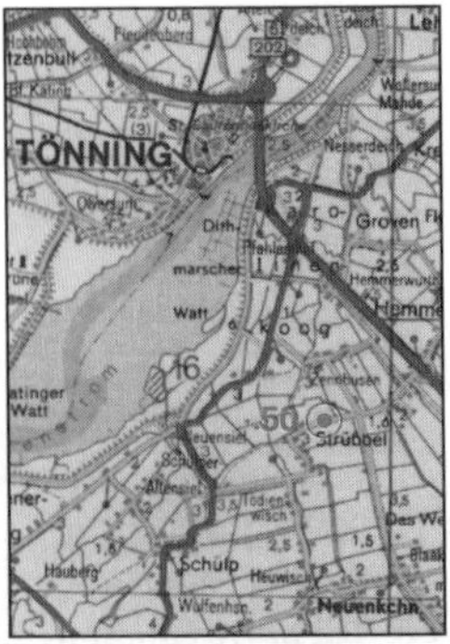

Baumart: Pappel
Alter: 80-90 Jahre
Höhe: 25 m
Umfang: 210 cm
Krone: 10 m
Besonderheiten: fünf Straßenbäume im Abstand von 5 m, im Windgebiet von Norder-Dithmarschen. Schaft weitgehend durchgezogen, Krone spät aufgelöst. Äste im unteren Kronenteil horizontal, darüber leicht nach oben geneigt stehend. Rinde am Erdstück feinrissig, darüber Spiegelrinde.
Standort: gegenüber der Schmiede in Strübbel an der Landstraße nach Lunden.

51 Eiche an der Wassermühle in Westerwohld

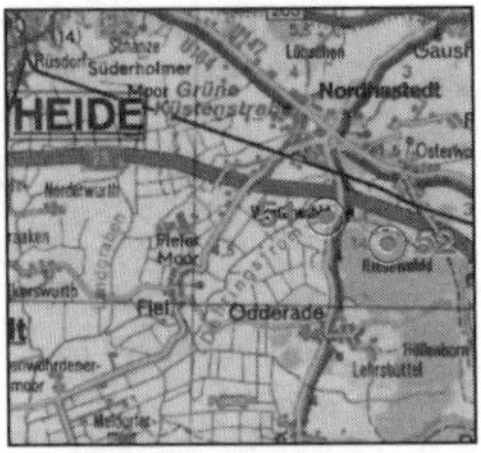

Baumart: Eiche
Alter: 300-350 Jahre
Höhe: 22 m
Umfang: 470 cm
Krone: 16 m
Besonderheiten: Stieleiche. Schöner, an der Bachseite hohler Solitär.
Standort: von Heide, auf der B 204 kommend, in Nordhastedt nach Südwesten, in Richtung Meldorf. Nach ca. 3 km links ab zur Siedlung Westerrade, dort am alten Mühlbach, beim großen Backsteinhaus.

52 Fünffingerlinde in Odderade

Baumart: Linde
Alter: 300-400 Jahre
Höhe: 25 m
Umfang: 500 cm
Krone: 20 m
Besonderheiten: vier Stämme auf einer Ebene zusammengewachsen, der

fünfte Stamm weist als Daumen nach Westen.
Standort: auf der B 204, von Heide kommend, in Osterwohld etwa 650 m nach Süden, nahe der Grundwassermesstelle der ALW.

53 Eiche im Klosterhof Meldorf

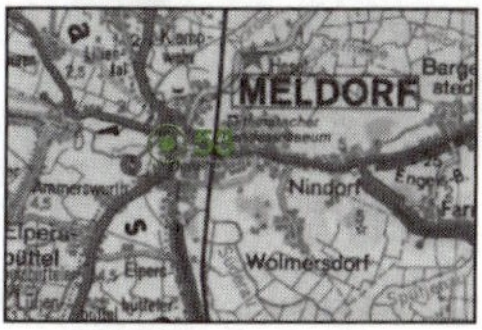

Baumart: Eiche
Alter: 250-300 Jahre
Höhe: 23 m
Umfang: 385 cm
Krone: 15 m
Besonderheiten: hohlstämmiger Solitär mit länglicher Krone, teilweise gestutzt.
Standort: beim Haus Nr.5 an der Domstraße. Wegweiser :“Klosterhof“.

54 Dorfeiche in Schafstedt

Baumart: Eiche
Alter: 350-450 Jahre
Höhe: 22 m
Umfang: 560 cm
Krone: 18 m
Besonderheiten: prachtvolle Stieleiche mit steiler, aus sechs Ästen gebildeter Krone ab 5 m Höhe, die zur Straße in das Lichtraumprofil ragt.
Standort: Ortsmitte, beim Haus Nr. 30.

55 Eibe in Burg

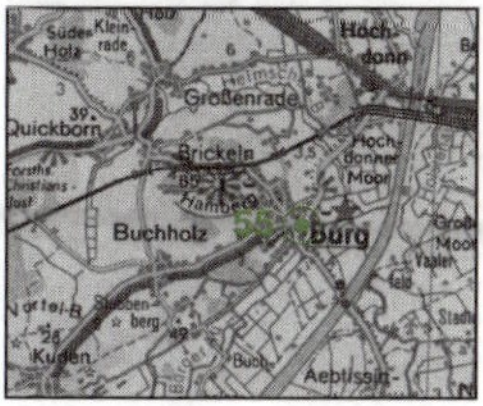

Baumart: Eibe
Alter: 300-400 Jahre
Höhe: 13 m
Umfang: 210/165 cm
Krone: 14 m
Besonderheiten: tiefbekronter Doppelstamm. Etwa 30 m entfernt bemerkenswerter Ilex (U=156 cm, H=10 m).
Standort: an der Kirche in Burg (Dithmarschen).

56 Dicke Eiche beim Gut Schrevenborn

Baumart: Eiche
Alter: 700-800 Jahre
Höhe: 25 m
Umfang: 750 cm
Krone: 25 m
Besonderheiten: Stieleiche. Krone ab 8 m Höhe von drei Hauptästen gebildet, offensichtlich gestutzt. Etwa 200 m entfernt, am Bachrand, eine weitere Eiche (H=24 m, KrD=18 m, U=680 cm).
Standort: Das Gut Schrevenborn liegt zwischen Heikendorf und Schönkirchen.

57 Kratteiche bei Perdöl

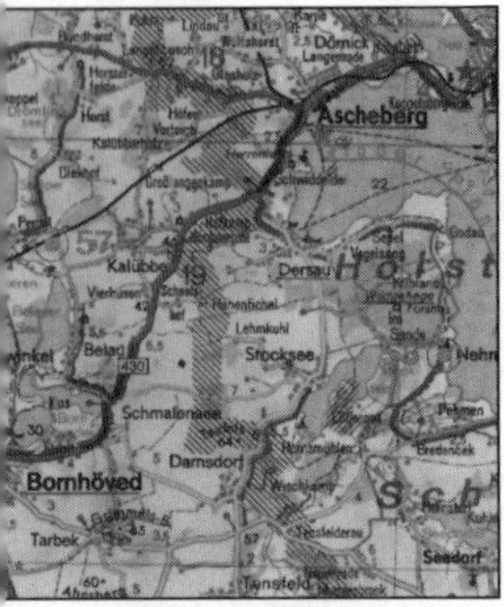

Baumart: Eiche
Alter: über 1000 Jahre
Höhe: 14 m
Umfang: 1060 cm
Krone: 10 m
Besonderheiten: Vor etwa 100 Jahren verlor der Baum seine Krone bis auf 6 m herunter, regenerierte dieselbe aber wieder mit einem Gipfelast und einigen Seitenästen. Der Stamm ist hohl und ausgebrannt. Trockene Starkäste ragen aus dem grünen Laubdach heraus. Gewaltiger, wulstiger Stammfuß. Stieleiche.
Standort: am Radweg von Perdöl nach Belau, 15 m hinter der Bahnunterführung links.

58 Eichen am Nehmter Gestüt

Baumart: Eiche
Alter: 400-500 Jahre
Höhe: 20 bis 25 m
Umfang: 800, 610, 520 cm
Krone: 10 bis 20 m
Besonderheiten: drei alte Eichen mit

ausgeprägten Kronen. Die älteste ist durch Blitzschlag gespalten, aber gesund. Weitere Eichen im Umfeld des Gestüts.
Standort: von Dersau zum Gut Nehmten. Eichengruppe in Mulde linkerhand des Weges zum Gestüt, eingezäunt.

57 Kratteiche bei Perdöl

59 Graupappeln auf Fehmarn

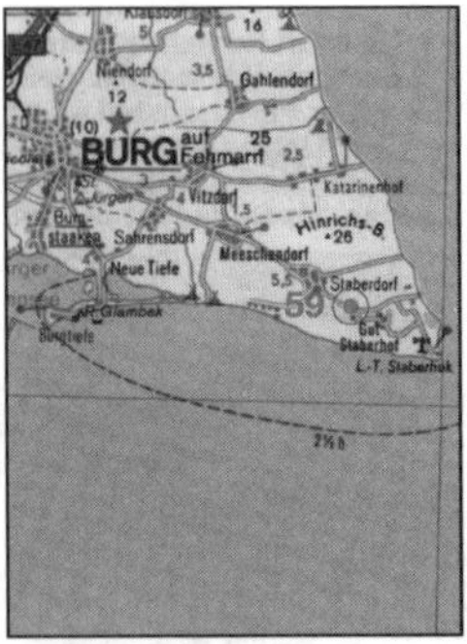

Baumart: Pappel
Alter: 150-180 Jahre
Höhe: 25-28 m
Umfang: 300-320 cm
Krone: 12 m
Besonderheiten: wahrscheinlich zwei Klone, die sich in Blattform und Rinde unterscheiden. Typ 1: Spiegelrinde, durchgehender Schaft. Typ 2: stark tiefrissige Borke bis in die Krone. Gut windbeständige Allee von Graupappeln im Fünf-Meter-Abstand, 500 m lang.
Standort: an der Straße zum Staberhof, in der Südostspitze von Fehmarn, nahe am Leuchtfeuer.

60 Linde in Langenhagen

Baumart: Linde
Alter: 350-450 Jahre
Höhe: 29 m
Umfang: 590 cm
Krone: 24 m
Besonderheiten: vollbekronter, starkastiger Baum, kleine Hohlstellen am Stamm.
Standort: Hofgrundstück an der Ortsdurchfahrt, aus Richtung Schönwalde kommend, rechts.

61 „Fünfmarkeiche“ bei Kellenhusen

Baumart: Eiche
Alter: 300 Jahre
Höhe: 25 m
Umfang: 585 cm
Krone: 20 m
Besonderheiten: gewaltiger Stamm mit hoch angesetzter, starkastiger Krone. Vorlage für die Eiche auf dem Fünfmarkstück von 1927 bis 1933.
Standort: Weg von Kellenhusen nach

Westen über Rittbruch, von hier 400 m nach Norden. 50 m weiter steht die Eiche im Bestand.

62 Kroneiche bei Kellenhusen

Baumart: Eiche
Alter: 500-600 Jahre
Höhe: 25 m
Umfang: 570 cm
Krone: 15 m
Besonderheiten: tief gefurchte Rinde, Äste gestutzt, Stamm hohl. Der Name kommt von Kron = Kranich.
Standort: von Grönwohdshorst auf Waldweg 500 m nach Süden, an Wasserstandseiche und Königseiche (tot) vorbei, rechts (westwärts), wenige Meter weiter, im Bestand.

63 Bräutigamseiche bei Dodau

Baumart: Eiche
Alter: 500 Jahre
Höhe: 18 m
Umfang: 510 cm
Krone: 18 m
Besonderheiten: Astlochbriefkasten für Partnerwünsche. Offizieller Postzustelldienst.
Standort: im Dodauer Forst, Abt. 188 a, 100 m südlich des Forsthauses Dodau, 1,5 km von Eutin in Richtung Plön. Hinweisschilder an der Straße.

64 Dorflinde in Bosau

Baumart: Linde
Alter: 400-500 Jahre
Höhe: 22 m
Umfang: 550 cm
Krone: 17 m
Besonderheiten: knorriger Stamm mit vielen Wucherungen und Wülsten. Winterlinde.
Standort: am Dorfplatz in Bosau, am südlichen Ostufer des Plöner Sees.

65 Blücher-Eiche bei Ratekau

Baumart: Eiche
Alter: 400 Jahre
Höhe: 21 m
Umfang: 375 cm
Krone: 23 m
Besonderheiten: beuliger Stamm, gedrungene Baumform. Gedenkstein: Am 7.11.1806 ergab sich Generalleutnant Blücher dem französischen Marschall Bernadotte.
Standort: an der B 207 von Bad Schwartau nach Ratekau, am Parkplatz Abt.277.

66 Eiche in Bad Schwartau

Baumart: Eiche
Alter: 350-450 Jahre
Höhe: 22 m
Umfang: 520 cm
Krone: 14 m
Besonderheiten: durchgehender Stamm mit starken Ästen. Erscheinungsbild durch starke Ästungen beeinträchtigt.
Standort: bei den Sportplätzen (Riesebusch) am Ende der Straße „Heisterbusch".

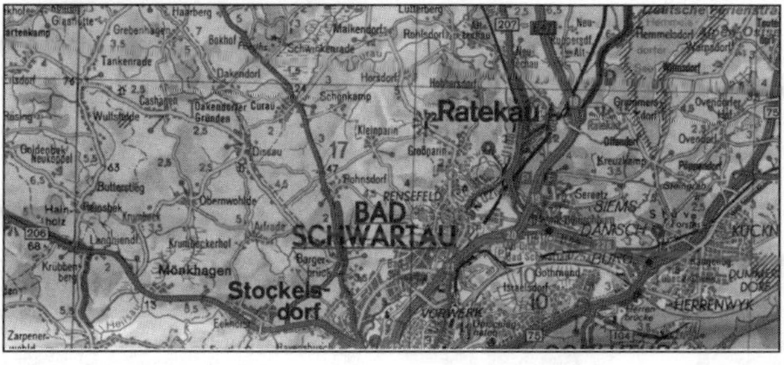

67 Eiche am Thinkplatz in Sarau

Baumart: Eiche
Alter: 600-900 Jahre
Höhe: 14 m
Umfang: 580 cm
Krone: 14 m
Besonderheiten: halbseitig aufgerissener Stamm, Zwieselabbruch mit wenigen, kurzen Ästen. Auf einem Stein steht: „Thinkplatz von 1109“. Die Kirche stammt aus dem Jahre 1145.
Standort: an der Kirche in Sarau.

68 Eiche bei Wensin

Baumart: Eiche
Alter: 300-400 Jahre
Höhe: 18 m
Umfang: 520 cm
Krone: 18 m
Besonderheiten: Stieleiche, Einzelbaum in der Feldmark mit auffallend geschwungenen, knorrigen, tief angesetzten Ästen.

Standort: von der B 432 bei Wensin in Richtung Garbek. Nach etwa 300 m steht der Baum auf der linken Seite in der Feldmark.

69 Eiche bei Pronsdorf

Baumart: Eiche
Alter: 400-500 Jahre
Höhe: 22 m
Umfang: 660 cm
Krone: 21 m
Besonderheiten: mächtige Stieleiche. Der Stamm löst sich in etwa vier Meter Höhe in starke, geschwungene Äste mit markanter Rindenstruktur auf. Ein zweiter Baum vergleichbarer Größe steht etwa 15 m nebenan.
Standort: an der Straße von Pronsdorf nach Strenglin, nahe km 26, etwa 50 m von der Straße entfernt.

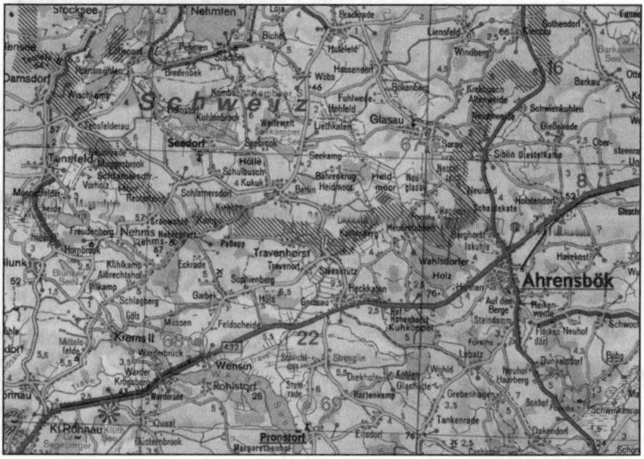

70 Eiche in Thiensen

Baumart: Eiche
Alter: 300-400 Jahre
Höhe: 19 m
Umfang: 440 cm
Krone: 17 m
Besonderheiten: Stieleiche. Volle, tief herabreichende Krone mit vier Hauptästen.
Standort: Baumpark Ellerhoop-Thiensen, im Arboretum, vor dem Wohnhaus des Hofes.

71 Eiche in Kummerfeld

Baumart: Eiche
Alter: 300-400 Jahre
Höhe: 24 m
Umfang: 460 cm
Krone: 18 m

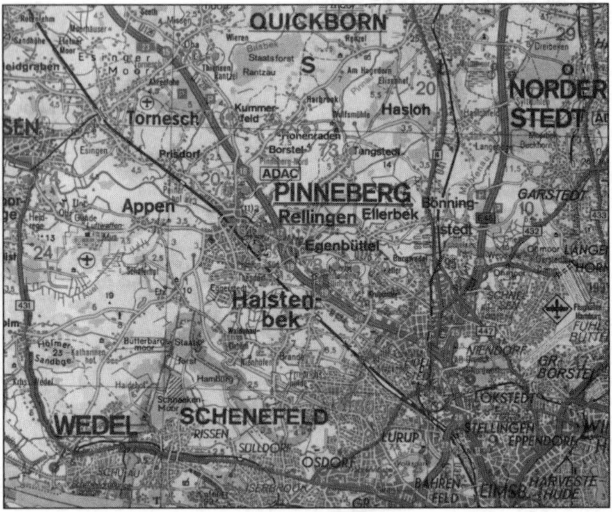

Besonderheiten: Stieleiche. Wulstiger Stamm mit Wasserreisern, ab etwa 7 m Höhe drei starke Steiläste, volle, runde Krone.
Standort: von Prisdorf her, auf der linken Seite der Prisdorfer Straße, vor dem Haus Nr.19.

72 Eiche in Borstel

Baumart: Eiche
Alter: 300-350 Jahre
Höhe: 19 m
Umfang: 420 cm
Krone: 18 m
Besonderheiten: Stieleiche. Starkastige Krone ab 4 m Höhe, gesund.
Standort: Borstel-Hohenraden, Mühlenweg, gegenüber Haus Nr.13.

73 Eiche in Tangstedt

Baumart: Eiche
Alter: 250-350 Jahre
Höhe: 19 m
Umfang: 430 cm
Krone: 21 m
Besonderheiten: Stieleiche mit voller, gesunder Krone über 7 m langem Stamm.
Standort: Ecke Mühlenstraße/Große Twiete.

74 Eiche in Uetersen

Baumart: Eiche
Alter: 300-400 Jahre
Höhe: 28 m
Umfang: 430 cm
Krone: 27 m
Besonderheiten: von Efeu umrankt. Ausladende Krone ab 8 m Höhe.
Standort: im Klosterpark, an der „Gustel-Stolberg-Promenade", etwa 80 m von der Kirche entfernt.

75 Eiche in Pinneberg

Baumart: Eiche
Alter: 350-400 Jahre
Höhe: 21 m
Umfang: 475 cm
Krone: 20 m
Besonderheiten: 9 m Stamm mit Wasserreisern, darüber gesunde Steiläste, Stieleiche.
Standort: an der Polizeistation auf der Ostseite der Elmshorner Straße.

76 Zwei alte Eichen in Pinneberg

Baumart: Eiche
Alter: 400-600 Jahre
Höhe: 19,18 m
Umfang: 580, 400 cm
Krone: 9, 14 m
Besonderheiten: Stieleichen, hohle Stämme, Kronen stark reduziert.
Standort: beidseitig der „Damm"-straße an der Kreuzung mit der Tangstedter Straße.

77 Eiche am Fahltskamp in Pinneberg

Baumart: Eiche
Alter: 300-400 Jahre
Höhe: 26 m
Umfang: 475 cm
Krone: 20 m
Besonderheiten: Stieleiche. Beuliger Stamm, in 6 m Höhe Verzweigung in viele Steiläste, volle Krone. Weitere alte Eichen in der Holstenstraße, auf einer Verkehrsinsel und auf Privatgrundstücken in der Nähe.
Standort: Grünanlage vor dem Kreiskrankenhaus.

78 Hofeiche an der Halstenbecker Straße in Rellingen

Baumart: Eiche
Alter: 350-450 Jahre
Höhe: 22 m
Umfang: 510 cm
Krone: 24 m
Besonderheiten: Stieleiche. Starke, gesunde Krone ab etwa 8 m Stammhöhe. Zwei schwächere, etwa gleichalte Eichen vor dem Wohnhaus des Hofes, an der Pinneberger Straße.
Standort: an der Ostseite der Halstenbeker Straße, etwa 80 m von der Abzweigung von der Pinneberger Straße entfernt.

79 Hofeiche an der Pinneberger Straße in Rellingen

Baumart: Eiche
Alter: 300-400 Jahre
Höhe: 22 m
Umfang: 450 cm
Krone: 20 m
Besonderheiten: Stieleiche. Drei Steiläste ab etwa 6 m Höhe. Hinter der Scheune steht eine weitere, schwächere Eiche mit breiter Krone.
Standort: auf dem Hof Pinneberger Straße 48.

80 Eiche in Schenefeld

Baumart: Eiche
Alter: 300-400 Jahre
Höhe: 22 m
Umfang: 455 cm
Krone: 20 m
Besonderheiten: Stieleiche. Beuliger, 8 m hoher Stamm. Eine weitere, aber jüngere Eiche (H=20 m,U= 325 cm, KrD=18 m) steht am Dorfplatz, an der Bushaltestelle.
Standort: Hauptstraße, gegenüber der Nedderstraße.

81 Menno-Linde bei Bad Oldesloe

Baumart: Linde
Alter: 470 Jahre
Höhe: 26 m
Umfang: 510 cm
Krone: 18 m
Besonderheiten: In 4 m Höhe teilt sich der Stamm in viele Äste. Gepflanzt im Jahre 1530 durch Menno Simons, den Begründer der Mennoniten-Bewegung (gestorben 1561).
Standort: vor der „Menno-Kate“, Segeberger Straße, hinter dem Ortsausgang.

82 Eiche beim Freizeitzentrum von Bad Oldesloe

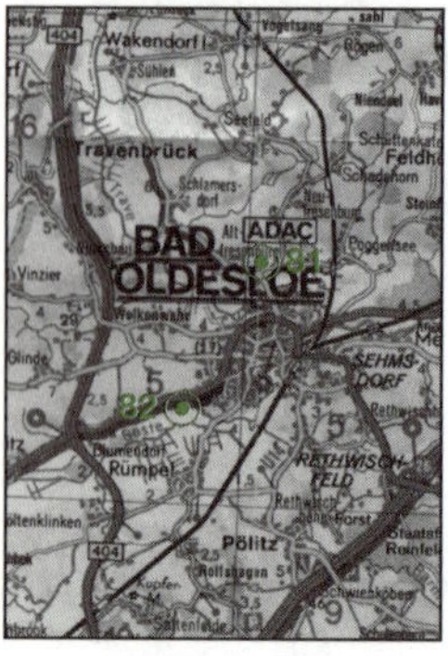

Baumart: Eiche
Alter: 400-500 Jahre
Höhe: 26 m
Umfang: 530 cm
Krone: 30 m
Besonderheiten: kurzer, grobrindiger Stamm. Weit ausladende Krone mit sieben Starkästen. Jüngere Eiche U=380 cm, H= 26 m, KrD=18 m) etwa 250 m nordöstlich entfernt, in der Waldspitze.Bemerkenswert: Lindenreihe, etwa 200-jährig, zwischen B 75 und der Bahnlinie.
Standort: auf der B 75 von Bad Oldesloe in Richtung Hamburg. Hinter der Fabrik „Hako“ nach links ab bis zum Bahnübergang. Von dort etwa 150 m auf dem Waldweg nach rechts.

83 Parkeiche in Jersbek

Baumart: Eiche
Alter: 250-270 Jahre
Höhe: 25 m
Umfang: 380 cm
Krone: 20 m

Besonderheiten: Der Park wurde zwischen 1726 und 1740 angelegt. Zahlreiche alte Eichen, Buchen, Linden. Besonders bemerkenswert: Lindenallee nach Bargfeld-Stegen, vom Parkende bis zum Ortsende von Jersbek.
Standort: Parkeingang in Jersbek an der Straße von Bargteheide nach Bargfeld-Stegen. Besucherparkplatz mit Hinweistafel.

84 Eichen am Teich in Jersbek

Baumart: Eiche
Alter: 250-350 Jahre
Höhe: 24 bis 26 m
Umfang: 300 bis 400 cm
Krone: 15 bis 20 m
Besonderheiten: Stieleichen. Kurze Stämme mit grobastigen Kronen. Umrandung des Teiches.
Standort: am Ortseingang von Jersbek an der Straße von Bagteheide. Einfahrt zum Golfplatz und zum Gutshof mit Teich.

85 Zwei alte Eichen in Ahrensburg

Baumart: Eiche
Alter: 500-600 Jahre
Höhe: 11, 19 m
Umfang: 485, 530 cm
Krone: 6, 8 m
Besonderheiten: Stieleiche. Kronen gekappt (Verkehrssicherung). Wulstige, knollige Stämme mit Wasserreisern.
Standort: an der beampelten Straßenkreuzung „Lübecker Straße“/“Am Weinberg“, dem Schloß gegenüber.

86 Eiche bei Reinbek

Baumart: Eiche
Alter: 300 Jahre
Höhe: 19 m
Umfang: 470 cm
Krone: 18 m
Besonderheiten: gedrungener Stamm mit harmonischer Krone.
Standort: Lodenallee, im Wald, direkt am Fußweg.

87 Königseiche bei Steinhorst

Baumart: Eiche
Alter: 400-500 Jahre
Höhe: 31 m
Umfang: 570 cm
Krone: 18 m
Besonderheiten: Stieleiche. 11 m hoher Stamm mit Aststummeln. Krone durch Ausbrüche reduziert. Zahlreiche 250- bis 400-jährige Eichen in der Nähe.
Standort: von der Straße Steinhorst – Siebenbäumen am Südrand der Abt. 127 etwa 400 m nach Südwesten, im Bestand.

88 Kircheiche in Behlendorf

Baumart: Eiche
Alter: 600-800 Jahre
Höhe: 19 m
Umfang: 690 cm
Krone: 20 m
Besonderheiten: gedrungene Baumform, Astausbrüche, hohler, wulstiger Stamm, Zwiesel ab etwa 6 m Höhe.
Standort: vor der Kirche in Behlendorf, an der Durchgangsstraße.

89 Eiche bei Schmilau

Baumart: Eiche
Alter: 450-550 Jahre
Höhe: 32 m
Umfang: 560 cm
Krone: 25 m
Besonderheiten: Traubeneiche mit beuligem Stamm. In 17 m Höhe Ansatz einer weit ausladenden Krone.
Standort: Ausgangspunkt: Bahnübergang vor Schmilau an der Straße aus Richtung Mölln. Von dort etwa 750 m entlang der Bahnlinie nach

Norden. Die Eiche steht in der Waldecke westlich der Bahn.

90 Eiche bei Salem

Baumart: Eiche
Alter: 300-400 Jahre
Höhe: 30 m
Umfang: 445 cm
Krone: 25 m
Besonderheiten: ausladende Krone ab 9 m Höhe.
Standort: in der Kurve am Ortsausgang von Salem in Richtung Dargow, auf der linken Seite.

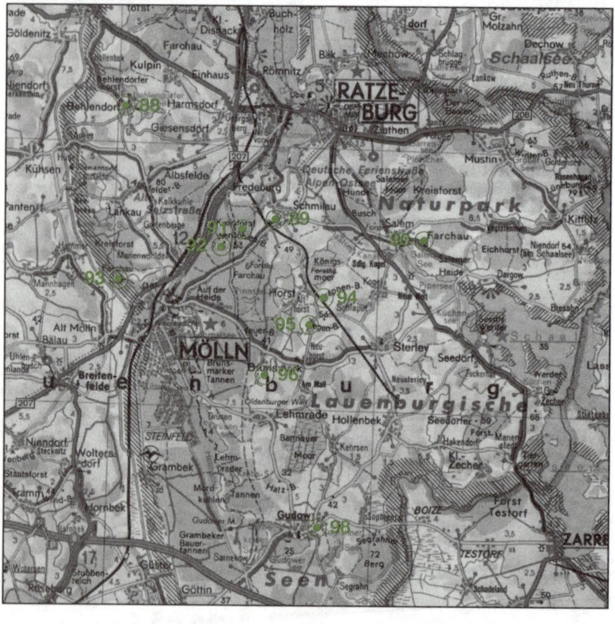

91 Zwieseleiche bei Schmilau

Baumart: Eiche
Alter: 450-500 Jahre
Höhe: 32 m
Umfang: 510 cm
Krone: 16 m
Besonderheiten: Traubeneiche, die in etwa 8 m Höhe zwieselt. Ein Hauptast ist abgebrochen. Starke Schäden, Fäulnis, abgängig.
Standort: etwa 1500 m südwestlich der Eiche Nr. 80, in der Abt.37. Vom Abteilungskreuz 37/38/39/40 etwa 450 m nach Osten, dann etwa 80 m nach Süden.

92 Fichte bei Schmilau

Baumart: Fichte
Alter: 250 Jahre
Höhe: 38 m
Umfang: 380 cm
Krone: 14 m
Besonderheiten: tiefbekronter Solitär aus der ersten Aufforstungsphase (analog Brunsmarker Tannen).
Standort: Ausgangspunkt: Bahnübergang vor Schmilau an der Straße Mölln – Schmilau. Von hier 225 m nach Südwesten, dann auf dem Abteilungsweg 39/40, 37/38 etwa 750 m nach Norden, dann etwa 450 m nach Westen und von dort auf einer breiten Schneise etwa 150 m nach Süden, dann etwa 80 m nach Westen.
Revier: Ravenskamp.

93 Storch-Eiche bei Mölln

Baumart: Eiche
Alter: 500 Jahre
Höhe: 36 m
Umfang: 630 cm
Krone: 20 m

Besonderheiten: mächtiger Stamm mit tiefrissiger, brettartiger Borke. In 10 m Höhe Zwiesel. Früher Nistplatz eines Schwarzstorches. Im Forstbotanischen Merkbuch von 1906 als starker Baum beschrieben.
Standort: Forstort Vossberg, Abt.66, am „Storcheneichenweg" nordwestlich von Mölln.

94 Eiche bei Alt-Horst

Baumart: Eiche
Alter: 350-400 Jahre
Höhe: 25 m
Umfang: 480 cm
Krone: 23 m
Besonderheiten: ab 7 m Höhe starkastige Krone. Astausbrüche.
Standort: am Waldanfang rechts, von Neuhorst kommend, am südlichen Ortseingang von Alt-Horst, direkt an der Straße.

95 Huteeiche bei Alt-Horst

Baumart: Eiche
Alter: 200-300 Jahre
Höhe: 20 m
Umfang: 420 cm
Krone: 18 m
Besonderheiten: stark verzweigte Krone ab etwa 4 m Höhe, vital. Zahlreiche, weitere Huteeichen in der Feldmark von Horst. Bemerkenswerte Allee von Eichen und Roßkastanien an der Verbindungsstraße zwischen Neu- und Alt-Horst.
Standort: in der Rechtskurve des Weges von Neu- nach Alt-Horst.

Baumart: Fichte
Alter: 245 Jahre
Höhe: 37 m
Umfang: 370 cm
Krone: 17 m
Besonderheiten: Herkunft Hochharz, 1747 gepflanzt. Im Forstbotanischen Merkbuch von 1906 enthalten.
Standort: Forstort „Brunsmarker Tannen", 100 m südlich der Landstraße von Mölln nach Steley, in der Abteilung 15.

96 Brunsmarker Tannen

Baumart: Eiche
Alter: 400 Jahre
Höhe: 25 m
Umfang: 580 cm
Krone: 35 m
Besonderheiten: in 4 m Höhe sich in zahlreiche, starke Äste aufbauende Krone. Gewaltige Stieleichen als Ring um Kirche und Friedhof.
Standort: an der Dorfkirche.

97 Kircheichen in Basthorst

98 Hofeiche in Gudow

Baumart: Eiche
Alter: 400-500 Jahre
Höhe: 21 m
Umfang: 570 cm
Krone: 20 m
Besonderheiten: steile Krone ab etwa 5 m Höhe, vier Starkäste, nachlassende Vitalität, Krone teilweise trocken.
Standort: an der Durchgangsstraße, im Hofraum des Hauses Nr 18.

99 Fürsteneichen im Sachsenwald

Baumart: Eiche
Alter: 400-500 Jahre
Höhe: 28, 32 m
Umfang: 525, 480 cm
Krone: 21, 28 m
Besonderheiten: auch Bismarckeichen genannt. Im Forstbotanischen Merkbuch von 1906 wurde die Höhe mit über 30 m angegeben.
Standort: Abteilung 327, Eichengruppe in ca. 60-jährigem Buchenbestand, Revier Aumühle.

100 Bruderbuche im Sachsenwald

Baumart: Buche
Alter: 100-120 Jahre
Höhe: 35 m
Umfang: 770 cm
Krone: 23 m
Besonderheiten: 9-stämmig. Nach Laubaustrieb keine Unterschiede in der Phänologie.
Standort: Am Europa-Wanderweg, Abteilung 142.

Hamburg

1 **Bäume im Jenischpark in Hamburg**

Baumart: Eiche
Alter: 500-600 Jahre
Höhe: 22 m
Umfang: 750 cm
Krone: 22 m
Besonderheiten: 42 Hektar großer Park mit einer Vielzahl von Baumpatriarchen und Exoten. Eine starke Stieleiche (oben beschrieben) ist besonders hervorzuheben.

Interessant sind ferner die "Männer- und die Frauenbuche".
Standort: Im Jenischpark, 100 m unterhalb des Jenischhauses steht die Stieleiche, die Männer- und Frauenbuche stehen oberhalb des Jenischhauses.

2 Bergahorn im Hirschpark Blankenese

Baumart: Ahorn
Alter: 200 Jahre
Höhe: 26 m
Umfang: 600 cm
Krone: 38 m
Besonderheiten: Es hat den Anschein, als seien mehrere Bäume nebeneinander gepflanzt worden, die sich in drei Meter wie ein Strauß allseits entfalten.
Standort: im Hirschpark Blankenese.

3 Blutbuche im Hirschpark Blankenese

Baumart: Buche
Alter: 220 Jahre
Höhe: 33 m
Umfang: 710 cm
Krone: 33 m
Besonderheiten: Ein Baum wie ein vulkanisches Gebirge, aus dem Boden hervorbrechend, in vielfachen Formen erstarrend, dann Bäume gebärend, die wie Säulen aufstreben und sich schwingend verzweigen.
Standort: vor dem Godeffroy-Schlößchen.

4 Wellingsbütteler Eiche bei Hamburg

Baumart: Eiche
Alter: 400 Jahre
Höhe: 42 m
Umfang: 450 cm
Krone: 32 m
Besonderheiten: Stieleiche
Standort: an der Ecke Friedrich-Kirst-Straße/Kuhteichweg.

5 Eiche im Wohldorfer Wald

Baumart: Eiche
Alter: 300 Jahre
Höhe: 42 m
Umfang: 455 cm
Krone: 32 m
Besonderheiten: Stieleiche mit langem, glattem Stamm, über dem sich in etwa 15 m Höhe die weitausladende Krone bildet. Zwei weitere, über 300-jährige Eichen am Weg zum Kupferredder. Im umgebenden Bestand weitere Eichen- und Buchenüberhälter.
Standort: im Wohldorfer Wald Abt. 6c, östlich des „Senatorenweges" am Nordufer des Drosselbeekszulaufes, unweit des Findlings "Großer Zuschlag".

6 Klopstocklinde in Hamburg-Altona

Baumart: Linde
Alter: 250 Jahre
Höhe: 21 m
Umfang: 320 cm
Krone: 21/26 m
Besonderheiten: Der Baum steht innerhalb des Grabmals Klopstocks. Zur Straßenseite hin ist die Krone voll entwickelt, auf der Rückseite aber durch die Kirchenwand an der Ausdehnung gehindert.

Standort: an der Christianskirche in der Klopstockstraße.

7 Japanischer Perlschnurbaum an der Alster

Baumart: Schnurbaum
Alter: 100-150 Jahre
Höhe: 26 m
Umfang: 450 cm
Krone: 25 m
Besonderheiten: großkroniger, freistehender Baum mit tiefsitzendem, abzweigendem, starkem Ast, der zusammen mit dem Hauptstamm die Krone bildet.
Standort: zwischen der Alster und der Alsteruferstraße, vor dem amerikanischen Generalkonsulat, auf der Wiese.

7 Platane im "Alten Botanischen Garten"

Baumart: Platane
Alter: 172 Jahre
Höhe: 31 m
Umfang: 535 cm
Krone: 27 m
Besonderheiten: voll bekront, tief beastet, mit drei starken Seitenästen. Der Baum wurde am 6.11.1821 von dem Gründer und 1. Direktor des Botanischen Gartens „In den Wallanlagen", Prof.Dr.Lehmann gepflanzt.
Standort: S-Bahn Hamburg-Dammtor. Im Alten Botanischen Garten, beim Ausgang zum CCH.

9 Eiche am Licentiatenberg

Baumart: Eiche
Alter: 300-400 Jahre
Höhe: 18 m
Umfang: 610 cm
Krone: 12 m
Besonderheiten: sehr starker Stamm

mit beschädigter, reduzierter Krone, Stieleiche. In der Nähe steht eine etwa 200-jährige Winterlinde (U=375 cm, H=26 m, KrD=18 m).
Standort: am Zugang zum Licentiatenberg vom Harvesterhuder Weg aus, gleich am Anfang, rechts.

10 Eiche in Klein-Flottbeck

Baumart: Eiche
Alter: 300-400 Jahre
Höhe: 23 m
Umfang: 580 cm
Krone: 25 m
Besonderheiten: Stieleiche mit runder, voller, starkastiger Krone über kurzem (3 m) Stamm.
Standort: am Schnittpunkt der Karl-Jakob-Straße mit der Kanzleistraße, am Ende eines schmalen Baum-/Busch-Bestandes.

11 Friedenseiche im Eichenpark

Baumart: Eiche
Alter: 300-400 Jahre
Höhe: 21 m
Umfang: 550 cm
Krone: 18 m
Besonderheiten: gut bekronte, starke Stieleiche.
Standort: etwa 40 m hinter dem Eingang zum Eichenpark, vom Harvestehuder Weg aus.

12 Hängebuche im Blohms Park in Hamburg-Horn

Baumart: Buche
Alter: 160-180 Jahre
Höhe: 17 m
Umfang: 360 cm
Krone: 20 m
Besonderheiten: gepfropfte Hängebuche mit dichter Krone und bis zum

Boden reichenden Ästen. Der Park wurde 1630 von dem niederländischen Kaufmann de Hartoge angelegt, ab 1763 mehrfach veräußert, 1928 durch die Stadt von der Fam. Blohm erworben.
Standort: vom Parkeingang an der Straße „Beim Rauhen Haus“ cirka 200 m auf dem Hauptweg.

13 Ulme in Hamburg-Altona-Övelgönne

Baumart: Ulme
Alter: 250-350 Jahre
Höhe: 24 m
Umfang: 490 cm
Krone: 22 m
Besonderheiten: volle Krone mit vier steilragenden Starkästen über kurzem (1,5 m) Stamm. Die Ulme wurde zur Dänenzeit gepflanzt und ist eines der wenigen überlebenden Exemplare im Hamburger Raum.
Standort: am Museumshafen vor dem Övelgönner Fährhaus.

Bremen

1 Freese'sche Eiche in Oberneuland

Baumart: Eiche
Alter: 300-400 Jahre
Höhe: 25 m
Umfang: 525 cm
Krone: 26 m
Besonderheiten: Stieleiche mit kurzem Erdstamm, der sich in 4 m Höhe in drei mächtige Stämme aufteilt. Rest einer alten Eichenallee.
Standort: In Oberneuland, Auf der Heide 18.

2 Eiche auf der Eckenhöge

Baumart: Eiche
Alter: 300-400 Jahre
Höhe: 22 m
Umfang: 570 cm
Krone: 20 m
Besonderheiten: in 5 m Höhe Zwiesel, sehr starker Solitär, hohl, wahrscheinlich alter Hutebaum eines Bauernhofs. Stieleiche.
Standort: In Oberneuland, am Ende der Straße Eckenhöge vor dem Haus Nr. 20.

3 Linde vor der Horner Kirche

Baumart: Linde
Alter: 600-700 Jahre
Höhe: 22 m
Umfang: 750 cm(rekonstruiert)
Krone: 22 m
Besonderheiten: Stamm bis in die Krone hohl, verknorpelt und verknöchert, voller Wucherungen und Wimmerwuchs, trotzdem lebensfroh und vital. Früher Gerichtslinde. Sommerlinde.
Standort: vor der Kirche in Horn.

4 Hainbuche in der Oberneuländer Landstraße

Baumart: Hainbuche
Alter: 250-300 Jahre
Höhe: 12 m
Umfang: 260 cm
Krone: 10 m
Besonderheiten: Durch immerwährenden Rückschnitt der Zweige zeigt der Baum viele Gesichter.
Standort: In der Oberneuländer Landstraße 148.

Hilfe für alte Bäume

Untersuchungen haben gezeigt, daß das Wurzelwachstum der Altbäume von Natur aus schwächer ist und durch die zunehmende Versauerung der Böden zusätzlich stark beeinträchtigt wird. Hinzu kommt, daß alte Bäume ein tiefes Wurzelwerk besitzen, das bis in den Unterboden reicht. Gerade hier sind die Schadstoffe besonders konzentriert. Die Wurzeln im tieferen Bereich verkümmern und können so einen Großteil ihrer Funktionen nicht mehr erfüllen. Die Folge: Viele alte Bäume sterben frühzeitig.
Hilfe muß vor allem bei der Bodenverbesserung ansetzen. Im Anschluß an eine eingehende Bodenanalyse sind Wurzelraumbelüftung, Düngung, Erhöhung der Wasserspeicherfähigkeit und teilweise Bepflanzung des Traufbereiches die wichtigsten Maßnahmen.

Die Sorge um die alten Bäume führte am 7. Februar 1988 zur Gründung des Kuratoriums Alte liebenswerte Bäume in Deutschland e.V. Ziel des Kuratoriums ist die Rettung und Erhaltung alter liebenswerter Bäume, unseres Waldes und unserer Natur. Das Kuratorium arbeitet dabei eng

mit der „Schutzgemeinschaft Deutscher Wald“ zusammen.
Maßnahmen zur Rettung alter Bäume können durch persönliche, gemeinsame und öffentliche Baumpatenschaften eingeleitet werden. Das Kuratorium veranlaßt eine Bodenuntersuchung, das Freistellen des Baumes, Belüftung des Wurzelraumes und Düngung in verschiedenen Tiefen und - wenn nötig - chirurgische Eingriffe.

Im nebenstehenden Bild ist eine Wurzelbehandlung schematisch dargestellt.

Werden Sie Baumpate, wenden Sie sich an das Kuratorium.

Ortsregister mit Nummern der Bäume

Literaturhinweise

Fröhlich, H.J.	Alte liebenswerte Bäume in Deutschland Hamburg 1989
Goerss, H.	Unsere Baumveteranen, Hannover 1981
Minister f. Ernährung, Landwirtschaft, Forsten und Fischerei des Landes Schleswig-Holstein	Wald und Forstwirtschaft für Schleswig-Holstein, Kiel 1990
Preuss. Minister für Landwirtschaft, Domänen und Forsten	Forstbotanisches Merkbuch – Nachweis der beachtenswerten und zu schützenden urwüchsigen Sträuchern, Bäume und Bestände im Königreich Preussen IV. Provinz Schleswig-Holstein, Berlin 1906
Städte und Landkreise	Schriften über Naturdenkmale

Bildnachweis

Fotos Fröhlich, meist mit Leica M 3; Eisenhauer, G., Hamburg 5, 8, 9, 11, 13, 14

Buchreihe

In der Buchreihe „Wege zu alten Bäumen“ sind bisher erschienen:

Bd. 1 Hessen 1990

Bd. 2 Bayern 1991

Bd. 3 Rheinland-Pfalz/
Saarland 1991

Bd. 4 Nordrhein-Westfalen 1992

Bd. 5 Niedersachsen 1993

Bd. 6 Schleswig-Holstein,
Hamburg und Bremen
1994

Bd. 7 Sachsen-Anhalt 1993

Bd. 8 Brandenburg 1994

Bd. 9 Mecklenburg-Vorpommern 1994

Bd. 10 Thüringen

Weitere Bände folgen.

Sie können diese Bücher im Buchhandel oder direkt beim Verlag bestellen.

Bestelladresse:
WDV Wirtschaftsdienst
Vertrieb Touristik
Dieselstraße 36
63071 Offenbach

Einen herzlichen Dank

allen denen, die uns Bäume nannten,

den Mitarbeitern der Forstverwaltung des Landes mit besonderer Unterstützung ihres Leiters – Landesforstmeister Dr. Volquardts,

den ehrenamtlichen und offiziellen Naturschützern in fast allen Städten und Landkreisen,

den eifrigen Mitarbeitern, die die Bäume aufsuchten, begutachteten und bewerteten, insbesondere den Herren
Forstdirektor Peter Loets
Lt. Forstdirektor Helmut Funke
Forstdirektor Dr. Wodarz
Oberforstrat Walter Obertreis
Dipl. Forstwirt Arno Leffers
Prof.Dr. Georg Eisenhauer.

Ebenso den Mitarbeitern an Computer und Schreibtisch
Frau Rita Tettenborn,
Frau Erika Münzel,

und den Mitgliedern der Schutzgemeinschaft Deutscher Wald

von Schleswig Holstein bis Hamburg

Wer einen weiteren Baum benennen will

____
(Land)

Name (falls bekannt): ____________________
(immer mit Ortsangabe z.B. „Kaisereiche bei Landshut“

Lage:

Regierungsbezirk: ____________________

Kreis: ____________________

Forstamt: ____________________

Gemarkung: ____________________

Kreis oder kreisfreie Stadt: ____________________

Beschreibung des Weges zum Baum und Kennzeichnung seines Standortes:

____

____

____

____

Sie können auch einen Kartenausschnitt mit eingezeichnetem Standort einsenden, das erleichtert das Auffinden.

Beschreibung des Baumes:

Alter geschätzt (s) oder gemessen (m): ____________________

Höhe in Metern geschätzt (s) oder gemessen (m): ____________________

Umfang in 1,3 m Höhe in Zentimetern:____________________

Kronendurchmesser im Mittel in Metern:____________________

Naturdenkmal (falls bekannt): ja / nein

Eigentümer: ______________________________

Besonderheiten des Baumes: (z.B. vollbekronter Solitär mit auffallend geschwungenen Ästen, Krankheiten)

Geschichte und Literatur (falls bekannt):

An
Kuratorium
Alte Liebenswerte Bäume
Wandersmannstraße 60

65205 Wiesbaden-Erbenheim